Escalado de Procesos. Principios Básicos

Roberto A. Gonzalez Castellanos

Copyright © 2018 Roberto A. Gonzalez Castellanos

All rights reserved.

ISBN 9781719846172

DEDICATORIA

A mi familia y en particular a mi hija Dania y a mi yerno Jonder, que han estado siempre a mi lado. Sin su apoyo no hubiera podido culminar el trabajo de este libro,.

Prólogo

Las presiones competitivas en la Industrias Química y Biotecnológica hacen cada vez más necesario contar con procedimientos que permitan llevar lo más rápido y directo posible, los resultados obtenidos en los laboratorios de Investigación y Desarrollo hacia la aplicación, para poder acortar el tiempo que transcurre entre la concepción de un nuevo proceso y la puesta en marcha de la planta correspondiente, a escala industrial.

Esta tarea no puede cumplirse sin un dominio y aplicación adecuada de las Técnicas de Escalado y por esa razón, este texto tiene como objetivos generales:

• Presentar de forma ordenada los fundamentos de los Métodos de Escalado, definiendo adecuadamente ese término.

• Introducir el concepto de Ingeniería Concurrente en los trabajos de Investigación y Desarrollo.

• Conocer los procedimientos de aplicación del Escalado en la solución de los problemas relacionados con el desarrollo de tecnologías y procesos industriales, a partir de resultados científicos obtenidos en los laboratorios.

• Conocer algunas de las aplicaciones prácticas de los métodos estudiados.

• Conocer la teoría y los fundamentos de las plantas piloto, definiendo la naturaleza de su actividad y las opciones disponibles para la utilización de las mismas.

CONTENIDO

1 Introducción al Escalado de Procesos   1

2 Técnicas a Emplear en el Proceso de Escalado   Pg 22

3 Escalado de Tanques con Agitación Mecánica   Pg 61

4 Escalado de Biorreactores   Pg 75

5 Plantas Piloto   Pg 104

6 Bibliografía   Pg 124

Capítulo 1. Introducción al Escalado de Procesos

Problemas que surgen relacionados con el cambio de escala

En el escenario de la Investigación y el Desarrollo de nuevas tecnologías está presente siempre la problemática de cómo convertir, en una estructura económica de producción, los conocimientos logrados en el *Laboratorio*, concatenándolos con otros conocimientos ya establecidos, para poder llegar de esa forma a una *Escala Comercial de Producción*.

En ese proceso de *Cambio de Escala* surgen problemas que en muchas ocasiones son ignorados completa o parcialmente y esa ha sido la causa de no pocos fracasos. Estos problemas pueden ser agrupados en dos tipos fundamentales. Los primeros, son los efectos obvios directos del cambio de escala, por ejemplo, la necesidad de manejar grandes volúmenes de material, lo que trae aparejado las necesidades de cambio en el equipamiento. Los segundos, son aquellos en que la naturaleza misma del problema se ve afectada por el tamaño de la escala de operación.

Entre los *problemas del primer tipo* se tienen los problemas relacionados con los sistemas de enfriamiento, calentamiento y tratamiento de residuales, los cuales se llevan a cabo con relativa facilidad al nivel de laboratorio y, sin embargo, requieren generalmente de equipos costosos y complejos cuando se realizan en la escala industrial. También son de este tipo de problemas los relacionados con la necesidad de utilizar diferentes materiales al paso a una escala mayor, como ocurre al emplear reactivos químicos comerciales en los *Escalas Piloto e Industrial* en lugar de los de grado analítico en los trabajos de *Laboratorio* [1] y la utilización de recipientes metálicos en lugar de los de vidrio que se usan en el Laboratorio. Todos esos cambios, pueden introducir problemas de contaminación.

Los <u>*problemas del segundo tipo*</u> surgen cuando los distinto parámetros del proceso se ven afectados de manera diferente por el tamaño de la unidad. Un ejemplo sencillo es <u>el efecto que, sobre el *área superficial específica* de un recipiente, tiene el cambio de escala (*volumen*)</u>. Considerando recipientes de proporciones geométricamente similares, estos tienen un volumen que es proporcional al cubo del diámetro del recipiente, mientras que la superficie de la pared es proporcional al cuadrado del diámetro del recipiente. De esa forma, el *Área Superficial Específica* (***ASE***) de los recipientes, que afecta, entre otros procesos, a la transferencia de calor en las camisas refrigerantes, es proporcional al inverso del diámetro del recipiente y por lo tanto, disminuye con el aumento de volumen. Más abajo se muestra un ejemplo gráfico de esa variación (Figura 1) [2].

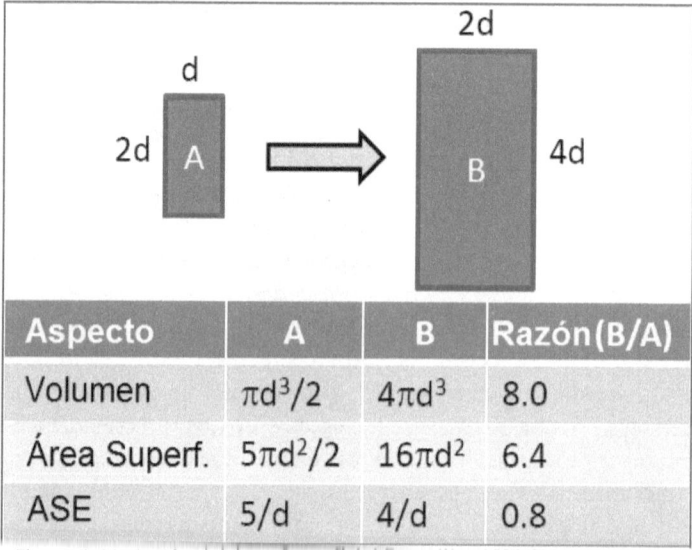

Figura 1. Variación del Área Superficial Específica (ASE) con el Escalado (Traducido de [2]).

Los microorganismos proporcionan un ejemplo espectacular de este principio, que explica las causas de su eficiencia como sistemas reaccionantes microscópicos, por su elevada *ASE*. Una bacteria tiene un volumen de aproximadamente 5×10^{-19} m^3 y una superficie de alrededor de 6×10^{-12} m^2, por lo que el *ASE* es de alrededor de 3×10^6. Por su parte, un m^3 de agua se puede encerrar en un tanque con una superficie de 6 m^2, lo que hace una *ASE* de 6: ¡*un millón de veces menor que la de las bacterias*!

En los procesos químicos y biotecnológicos se tiene que, durante la Investigación y Desarrollo de un nuevo producto, uno de los problemas que requiere una atención más estrecha y que en ocasiones llega a ser problemático, es el *escalado* del reactor químico o bioquímico (biorreactor). Es aceptado prácticamente por todos, que el diseño a *Escala Comercial* de un reactor, que es el corazón de una planta industrial, no puede llevarse a cabo solamente con un enfoque teórico, por lo cual resulta imprescindible contar con datos de las reacciones involucradas obtenidos a varios niveles, generalmente a nivel de *Laboratorio, Banco y Planta Piloto*. Los detalles de cómo se llevan a cabo este procedimiento se detallarán más adelante.

Etapas a considerar en los trabajos de Investigación y Desarrollo (I + D)

El proceso de Investigación y Desarrollo puede considerarse dividido en cinco *etapas, niveles o escalas* [3]:

- Laboratorio
- Banco
- Piloto
- Demostrativa o Semi-industrial
- Industrial

Esta división es convencional y por ello, como se verá más adelante, no son muy precisos los límites entre una escala y otra, ni tienen que considerarse necesariamente todas las escalas. Por ejemplo, en algunas ocasiones se omite la *Escala Demostrativa*, aunque esa *Escala* se utiliza mucho en los casos de procesos muy novedosos y ya prácticamente se considera como una *Etapa de Escalado* fija [4] [5] En otras ocasiones se pueden unificar las escalas de *Laboratorio* y *Banco* [6] [7] [8].

Además, antes de empezar todo ese proceso, es imprescindible realizar una Etapa Inicial de Desarrollo Conceptual, donde se fijen las ideas para el desarrollo de la investigación. Las fuentes pueden proceder de la literatura o, mejor aún, de la experiencia de procesos ya existentes. Otro elemento importante a tener en cuenta en esta etapa, es que hay que considerar muy cuidadosamente la identificación y evaluación de los riesgos, ya que estos pueden ser causa de un fracaso posterior del proyecto [9].

Definición del término Escalado

Para comprender mejor la evolución que han tenido los conceptos relativos al uso de modelos y a las escalas, se debe partir de una de las expresiones más antiguas al respecto, escrita por Leonardo da Vinci en sus "*Notas*", aproximadamente en el año 1500 [10]: "*Dice Vitruvio que los pequeños modelos no son útiles para conocer los efectos de los grandes y yo aquí propongo probar que esa conclusión es falsa*".

En este punto es importante aclarar que el *Vitruvio* a que se refería *da Vinci* era *Marco Vitruvio Polión*, arquitecto romano del siglo primero de nuestra era, autor del tratado más antiguo sobre arquitectura que se conserva y el único de la Antigüedad clásica, *De Architectura*, en 10 libros, probablemente escrito entre los años 27 a. C. y 23 a. C [11].

Entre otros elementos históricos se conoce que *Galileo Galilei* investigó la fuerza de las partes mecánicas de las máquinas e *Isaac Newton* en 1667, en sus *Principios Matemáticos de la Filosofía Natural, Libro II, Proposición XXXII*, definió claramente el concepto de "*Similitud Mecánica*" [12]. Más adelante, en 1847, *Bertrand* formuló estas reglas inequívocamente y expresó la *Ley General de Similitud de Newton* como una restricción que debe ser satisfecha por las cuatro relaciones de longitud, tiempo, fuerza y masa. Sin embargo, el avance técnico en el campo de la *Similitud* no llegó a ser reconocido por la mayoría-hasta 1869/70, cuando *William Froude* determinó el arrastre en un barco utilizando experimentos con *modelos*, y en 1883, cuando *Osborne Reynolds* publicó los resultados de su modelo de experimentos basados en el flujo de líquidos a través de tuberías. Ya en esos momentos se podía decir que la *Ciencia de los Modelos*, había nacido [10].

Posteriormente, a inicios del Siglo XX, el autor del primer Manual de Ingeniería Química que se conoce, George E. Davis afirmaba [10]: "*A small experiment made upon a few grammes of material in the laboratory will not be much use in guiding to the erection of a large scale works, but there is no doubt that an experiment based on a few kilogrammes will give nearly all the data required ...*". (Un experimento pequeño, realizado en el laboratorio con pocos gramos de material no será muy útil como guía para la construcción de una planta a gran escala, pero no hay duda de que un experimento basado en unos pocos kilogramos nos dará casi todos los datos requeridos...).

Posteriormente, en 1916, el químico belga *L. H. Baekeland* [10], escribe una de las frases más famosas al respecto y que mejor aclara el propósito final de los experimentos relacionados con los *Modelos* y las *Plantas Piloto*: "*Commit your blunders on a small scale and make your profits on a large scale*". (Cometa sus errores en una escala pequeña y obtenga sus ganancias en una escala grande).

En todas estas expresiones se habla de modelos y escalas, grandes y pequeñas y esos conceptos se unen con el de Escalado. Ahora bien... ¿Qué se entiende en la actualidad por Escalado?

Una definición muy concisa y muy acertada, es la que brinda *Jan Harmsen* en su excelente libro *Industrial Process ScaleUp* [9]: "*El Escalado de Procesos es la generación de conocimientos para transferir ideas en implementaciones exitosas*". Otra definición, un poco más ampliadas es la siguiente: *Un proceso nuevo o un cambio en una parte de un proceso, se ha escalado de manera exitosa si: -se ha iniciado y operado con éxito, una unidad o planta de tamaño comercial; la nueva unidad o planta produce el producto dentro de las expectativas de calidad, tasa y rendimiento y a un costo de fabricación cercano al esperado* [13].

No obstante, la definición que se tomará en este Curso es la que se utilizó en el Curso "*Scale-Up of Chemical Engineering Process*", impartido en 2014 en la Universidad Pahang de Malasia [8], basada en el libro "*Scaleup of Chemical Processes: Conversion from Laboratory Scale. Tests to Successful Commercial Size Design*", de Attilio Bisio, Robert L. Kabel, 1985, que es: "*La puesta en marcha y operación exitosos de una unidad de tamaño comercial, cuyo diseño y procedimientos operativos se basan, al menos en parte, en la experimentación y demostración a una escala de operación más pequeña*".

De esta definición de *Escalado* quedan excluidos los casos de diseño de unidades industriales realizados *solamente* con procedimientos de cálculos tradicionales, para los cuales sólo se necesitan los datos de las propiedades físico-químicas de las sustancias en proceso y las cantidades a procesar para obtener los valores de diseño requeridos. Aunque eso no quiere decir que se elimine del *Proceso de Escalado* el uso de la *Modelación Matemática y Simulación* para reducir las etapas de experimentación, lo cual es una práctica muy extendida y que tiene resultados muy favorables. [14].

Para que el concepto de *Escalado* sea aplicado, es imprescindible que el diseño se realice sobre la base de investigaciones que se tengan que realizar con ese fin específico, a una escala inferior a la industrial, pero no se requiere que se transite por todas las etapas convencionales en que se dividen los procesos de I+ D.

En resumen, el proceso completo, desde la *Escala de Laboratorio* hasta la *Comercial*, pasando por los trabajos de *Banco*, *Planta Piloto* y *Planta Demostrativa*, es largo y costoso y debe ser reducido en todo lo posible, con el fin de acortar el tiempo que media entre la concepción de un producto y su introducción en el mercado.

No existe duda alguna que es técnicamente posible transferir casi cualquier proceso desarrollado a nivel de laboratorio, directamente a la producción industrial a gran escala, si se dispone de suficiente tiempo y dinero, de forma que los diseñadores puedan considerar factores de seguridad suficientemente amplios y que se esté dispuesto a un largo período de puesta en marcha, que permita adiestrar al personal y descubrir las diferentes causas de interrupciones y problemas de operación y afrontar los riesgos inevitables en la operación de nuevos procesos no suficientemente estudiados. Pero es evidente que este tipo de enfoque no es aplicable en la realidad de la industria moderna [15].

Tampoco existe duda que, a partir de los datos obtenidos en instalaciones a *Escala de Banco)*, correctamente diseñadas y operadas, se cuenta con mayor y mejor información para el diseño, que si se parte solamente de la información obtenida directamente del *Laboratorio*. Esto requiere de tiempo y empleo de recursos materiales y humanos , pero reduce considerablemente los riesgos para el diseño y el período y riesgos de la puesta en marcha de las unidades a *Escala Comercial*. Por ese motivo, se necesita analizar cuidadosamente en cada caso, si existe la posibilidad de evitar la *Escala de Banco*, aunque en la generalidad de los casos no es aconsejable.

Por todo lo anterior, en todos los casos *resulta imprescindible el análisis detallado de las características del proceso que se pretende desarrollar y del nivel de conocimientos que se tiene sobre el mismo*, para poder decidir las etapas que hay que acometer y planificarlas adecuadamente, de forma tal que se emplee el mínimo de recursos y se culmine en el menor tiempo posible. Esto se realiza en la etapa de planificación del proyecto, que se lleva a cabo de manera previa al inicio de los trabajos de *Laboratorio*.

Finalmente se debe considerar otro objetivo ligado al concepto de *Escalado* y que es el estudio del comportamiento de una Planta existente en producción, a partir de una *unidad pequeña* que reproduce, en lo fundamental, el funcionamiento de la *Unidad Comercial*. Este objetivo cae dentro de la esfera del estudio de los procesos pero en principio no se diferencia del objetivo relacionado con el desarrollo de nuevos procesos, siendo la única diferencia práctica el hecho de que para el estudio de los procesos se requiere, casi siempre, solamente de la etapa equivalente a la *Planta Piloto*.

Nuevo concepto introducido: Enfoque Modular o Incremento en Número (Scale Out)

Recientemente se ha comenzado a utilizar el concepto de *Enfoque Modular Incremento en Número (Numbering Up)* o *Scale Out*, ligado al desarrollo de los Biorreactores desechables [16] [17] [18] En este caso*, escalar* es simplemente aumentar en número, poniendo un grupo de biorreactores en paralelo, ya que los biorreactores son de volúmenes más pequeños que los que se utilizan actualmente, pero se multiplica la cantidad de biorreactores utilizados en un ciclo de fabricación. Esto proporciona varias ventajas sobre la ampliación, particularmente en la dirección actual de la industria.

En la actualidad, los cambios en la demanda del producto requieren una adaptación flexible y rápida de escala de fabricación. Por una parte, pueden producirse aumentos en la demanda del producto por diferentes causas (buenos resultados comerciales, esfuerzos de mercadotecnia, etc.), pero también puede ocurrir lo contrario: la disminución en la demanda del producto causada, por ejemplo, por la liberación de productos competitivos o por la introducción de productos biosimilares. En el primer caso, se hace necesario, aumentar el volumen del biorreactor o agregar biorreactores adicionales. Pero, si la demanda disminuye, el problema es aún mayor, ya que la producción puede caer en un escenario de sobreproducción o hay que invertir tiempo y recursos significativos para reducir la escala. Además, algunas compañías farmacéuticas pudieran estar contractualmente obligadas a producir o pagar por la producción que no necesitan.

También se han reportado problemas con el anterior escenario de producciones masivas de medicamentos. Las mejoras en la productividad de los cultivos celulares y objetivos de medicamentos más especializados, hacen que muchos de los productos nuevos no requieren la escala tradicional de producción, que requería de biorreactores de 10,000 a 15,000 litros para satisfacer la demanda de los clientes.

Con el mayor interés en la medicina personalizada, así como el crecimiento en las aplicaciones de medicamentos huérfanos, están surgiendo más *Instalaciones Multiproducto*. Por no mencionar el aumento en la fabricación subcontratada, que consistentemente ejecuta múltiples productos a través de esas instalaciones. En particular, en las *Instalaciones Multiproducto*, las *Tecnologías de un Solo Uso* y, por consiguiente, el *Scale Out*, permiten un tiempo de respuesta más rápido entre ejecuciones, con menos requisitos de limpieza y validación.

Las ventajas de la estrategia *Scale-Out* frente al convencional *Scale Up* incluyen: Permite que la tecnología de *Biorreactores de un Solo Uso* reemplace a los *Biorreactores de Tanque Fijo* tradicionales, de acero inoxidable, en plantas de fabricación comercial; Reduce los riesgos de afectación de la calidad del producto y del rendimiento, durante el proceso de *Escalado*. Brinda un diseño flexible de procesos y adecuadas estrategias de validación; Se adapta a una amplia gama de niveles de productos y demandas del mercado [19].

Además, este tipo de biorreactores sustituyen exitosamente los biorreactores de cristal de Escala de Banco, con lo que permiten acortar considerablemente el periodo de *Escalado* [17]. A continuación se muestra un Biorreactor de un Solo Uso *Sartorius-Stedim Biotech ambr 250 ml.* (Figura 2, izquierda). Estos biorreactores tienen un diseño básico que incluye dos biorreactores, y se puede ampliar a configuraciones para cuatro, seis u ocho biorreactores en miniatura.

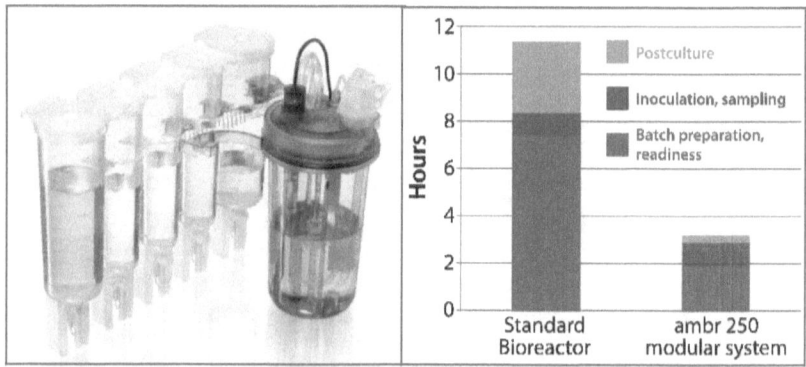

Figura 2. Biorreactores de un solo uso ambr 250 ml de Sartorius (izquierda); Comparación entre tiempos de operación entre los Biorreactores de un solo uso y los de vidrio equivalentes (derecha).(Tomado de [17]).

Todas los grupos de biorreactor tienen control de proceso individual completo de todos los parámetros (pH, oxígeno disuelto (OD), temperatura y agitación.) Cada biorreactor está integrado completamente con sensores, cinco depósitos de reactivos y bombas de jeringa para facilitar la configuración experimental y la recuperación. Las unidades vienen equipadas con un sistema de medición de gases residuales Las ventajas de la introducción de estos biorreactores, en comparación con los biorreactores de vidrio normales de la Escala de Banco, se muestra más arriba (Figura 2, derecha).

En general, el *Scale Out* es una temática novedosa, con mucho desarrollo todavía por delante y se espera se vaya incrementando cada vez más su utilización [19].

Criterios a considerar para los límites entre escalas

Para la definición de los límites entre una escala y otra existe una gran diversidad de criterios y el que más se ha utilizado el *volumen de los equipos* como el criterio fundamental. Esto ocurre especialmente en la *Industria Biotecnológica*, aunque en ese caso muchas veces se confunde el concepto de *Escalado por Volumen*, con el *Incremento Paulatino del Volumen* que se necesita para que, a partir de un porcentaje de inóculo determinado, se desarrollen adecuadamente los microorganismos y se pueda asegurar un crecimiento adecuado, en un tiempo dado y con las condiciones requeridas de asepsia.

También se han utilizado como criterios las relaciones entre las dimensiones lineales de los equipos (*factores de escala geométricos*), a partir de consideraciones de *Criterios de Semejanza*, que se verán más adelante, pero de hecho estas relaciones también están relacionadas con el volumen, como se analizó en la Introducción (Figura 2).

No obstante, se considera que el criterio más completo para la definición de los límites entre las distintas escalas es la de *los objetivos que se persiguen con cada una de ellas y los resultados que se esperan* [20]. Con ese criterio más amplio se pueden considerar la realización de etapas, por ejemplo de *Banco* y *Piloto*, con equipos de volumen normalmente considerados de Laboratorio, en los casos en que el nivel de precisión y automatización sea tan elevado y la necesidad de obtener productos de muestra tan pequeña, que se puedan cubrir los objetivos señalados para esas etapas, con esos equipos pequeños, con un considerable ahorro económico.

Finalmente se debe tener en cuenta que, antes de comenzar las Etapas de I+D, hay que realizar una *Etapa Exploratoria*, que parte del conocimiento de la necesidad de un nuevo producto y que culmina con el planteamiento concreto del problema a resolver por la I+D. Después de planteado el problema viene una *Etapa Preparatoria*, en la cual se precisa mejor la tarea y se toman como antecedentes todo el conocimiento anterior aportado por la bibliografía.

La Investigación Bibliográfica detallada forma parte importante de dicha etapa y reporta una información que debe ser cuidadosamente analizada y ordenada, de forma que pueda ser adecuadamente utilizada en cada etapa posterior de la investigación. Esa *Etapa Preparatoria* puede incluir incluso algunos trabajos simples de Laboratorio, si son necesarios para concretar los pasos a dar en la investigación.

Dentro de esa Etapa Preparatorio se incluyen los trabajos encaminados a concretar el enfoque de diseño *de comenzar con el final en la mente* [6]. Para eso, un equipo de proyecto calificado que realmente entienda los procesos a gran escala, prepara un *Diseño Conceptual* detallado del proceso de fabricación previsto y de la futura *Planta Industrial*, <u>antes de que se realicen los primeros experimentos de laboratorio</u>. Basado en suposiciones realistas de biología, química e ingeniería, el equipo construye diagramas de flujo de procesos, balances de materiales y energía, diseños de operaciones de unidades y modelos técnico-económicos, o sea, el *Diseño Conceptual* del producto [6]. Esta inversión inicial es insignificante en comparación con el costo total del proyecto, y es la inversión más inteligente que puede hacer. Por lo tanto, se debe utilizar el *Diseño Conceptual* para proporcionar una orientación temprana al programa experimental de $I + D$ sobre la viabilidad del proceso, la escala clave para el desarrollo del mismo y los parámetros económicos. Posteriormente, actualice regularmente el diseño a medida que el programa experimental produzca nuevos conocimientos [1].

Escala de Laboratorio

El *Laboratorio* constituye la unidad primaria de investigación en la que quedan determinadas las metódicas de síntesis o procesamiento y se establecen las condiciones bajo las cuales se obtienen los mejores resultados. El *Laboratorio* confirma o rechaza las hipótesis obtenidas del conocimiento previo y de la literatura y se obtienen datos que contribuyen a enriquecer la información sistematizada, que constituye la base para el trabajo a escalas de *Banco* y *Piloto*.

En esta etapa se enfatiza en todos los mecanismos que son independientes del tamaños, como los aspectos de *Termodinámica* y de *Cinética Química*. Además se obtiene información para la realización de evaluaciones económicas preliminares y se determinan diversas propiedades físico-químicas, necesarias para los cálculos ingenieriles y la formulación y comprobación de modelos matemáticos [3].

Los *Objetivos Principales* de esta etapa son la *obtención, recuperación y purificación de los productos de interés*, así como el *análisis y caracterización de dichos productos*. Además, en el caso de la *Síntesis Química* se definen otros objetivos como:

- Conocer la influencia de las variable macroscópicas (composición, temperatura, pH, etc.) en el rendimiento u otro parámetro que caracterice la eficiencia del sistema.
- Lograr la optimización de la síntesis a ese nivel.
- Determinar las propiedades físicas y químicas del nuevo producto.
- Definir la influencia de los reactivos empleados en los cambios de escala.
- Realizar la caracterización de los subproductos y residuales.
- Realizar una evaluación económica muy preliminar.

En el caso de los *Procesos Biotecnológicos*, se tienen como objetivos:
- Seleccionar y evaluar las cepas.
- Optimizar el medio y otras variables experimentales y de proceso.
- Obtener información en cortos plazos de tiempo a muy bajo costo.

Por su importancia, esta Etapa nunca se pasa por alto. Cuando, en apariencia, se comienza directamente en la *Escala de Banco* (Figura 3) es porque ya está disponible la información que normalmente se obtiene en la *Escala de Laboratorio*. Como ejemplo está el <u>desarrollo de la producción por fermentación del 1,4-Butanodiol</u>, que fue <u>el primer producto producido a granel por la industria petroquímica, que se obtuvo industrialmente por vía fermentativa</u>. En ese caso, los datos del 1,4-Butanodiol para la *Escala de Laboratorio* ya se conocían [1].

Escala de Banco

En esta etapa, la *investigación comienza a adquirir un carácter tecnológico* y posee sus particularidades que la distingue. La principal es que ya las unidades experimentales se conciben con características geométricas y operacionales similares a los equipos de *Planta Piloto* o *Industrial*, disponibles o recomendables. Con respecto al tamaño, la recomendación es que sea de 10 a 200 veces más grande que el tamaño de los equipos de *Laboratorio* [5], aunque ese valor puede variar mucho, en dependencia de los procesos que se estén escalando.

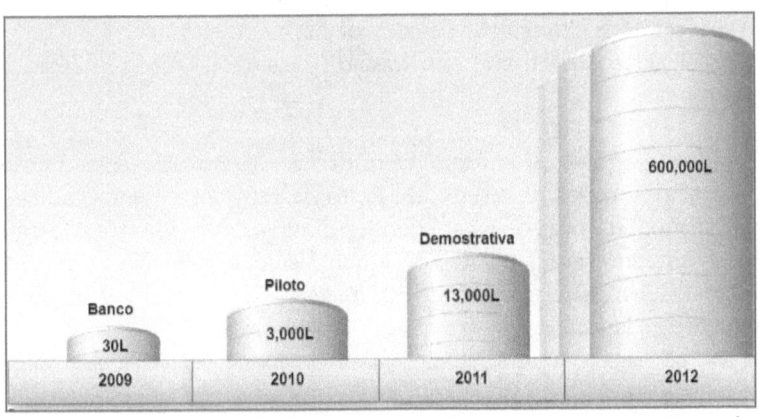

Figura 3. Proceso de Escalado del 1,4-Butanodiol, aparentemente sin Etapa de Laboratorio (Tomado de [1]).

Sus principales características son:
- Conlleva un mayor nivel de instrumentación y automatización.
- El trabajo experimental se orienta hacia el completamiento y precisión de la información de laboratorio.

Los objetivos principales de esta etapa son:
1. Revelar la esencia de los fenómenos que ocurren en los procesos.
2. Revelar los pasos controlantes o críticos en las operaciones.
3. Verificar hipótesis de modelos matemáticos.
4. Aportar información para cálculos y diseños de ingeniería.

Además, en el caso de la *Síntesis Orgánica*, hay otros objetivos como:
- Realizar estudios fundamentales de *Ingeniería de Procesos*, relacionados con los fenómenos de superficie, fenómenos reológicos, equilibrio de fases, separaciones complejas, estudios de materiales, etc.

- Determinar propiedades y características físico-químicas de las sustancias como la densidad, viscosidad, tensión superficial, tamaño de partículas, porosidad, calor específico, etc.
- Conocer la Termoquímica (calores de reacción) y Termo física (capacidad calorífica de las mezclas, etc).

En el caso de los *Procesos Biotecnológicos* se consideran también los siguientes objetivos:
- Selección del procedimiento de desarrollo de inóculos, esterilización del medio, aireación, agitación y operaciones de purificación.
- Ajuste de variables como razón de transferencia de oxígeno, evolución de dióxido de carbono, producción de biomasa, biosíntesis de metabolitos y efectos del pH.
- Estudio del régimen de alimentación continua o incrementada.
- Selección de alternativas de control e instrumentación.
- Evaluación económica preliminar y estimado de viabilidad del proceso.

Esta etapa permite un enfoque científico a relativo bajo costo, aunque de todas formas, como representa un gasto de recursos y tiempo adicional al Laboratorio, en ocasiones se tiende eliminar. No obstante, es muy peligroso eliminar esta Etapa, debido a que facilita información que resulta decisiva para el funcionamiento de las *Plantas Piloto*. Y que no se obtiene directamente de la *Escala de Laboratorio*.

Incluso hay ocasiones en que, *si se complementan sus resultados con trabajos de Modelación Matemática y Simulación de los Procesos, es posible que* el *trabajo de la Escala de Banco pudiera eliminar la necesidad de la Escala* Piloto. Pero, como siempre ocurre en los procesos de Escalado, hay que ser muy cuidadoso con las decisiones adoptadas.

A continuación, se hace una comparación entre el equipamiento utilizado en la *Escala de Laboratorio* y utilizado en la *Escala de Banco*, durante el desarrollo de un proceso de producción de papel [21]. En la *Escala de Laboratorio* se pueden hacer hojas de papel individuales con un "*molde de hoja de prueba*", que es solo un dispositivo de filtrado de gravedad de tamaño y forma estándar. Necesita sólo un poco de vacío (Figura 4, izquierda). En la *Escala de Banco* el equipamiento es un poquito más complejo: la suspensión de fibra se rocía dentro de un tambor giratorio sobre un filtro y el agua se centrifuga. El tambor es de un tamaño similar al de una lavadora (Figura 4, derecha).

Escala Piloto

Los estudios de *Escala Piloto* resultan de especial importancia para el proceso completo de Escalado [22], pero poseen un alto costo y la decisión de su realización debe estar subordinada a un conjunto de factores entre los cuales se destacan:
- Tipo de proceso
- Nivel de información disponible
- Tamaño propuesto para la unidad industrial

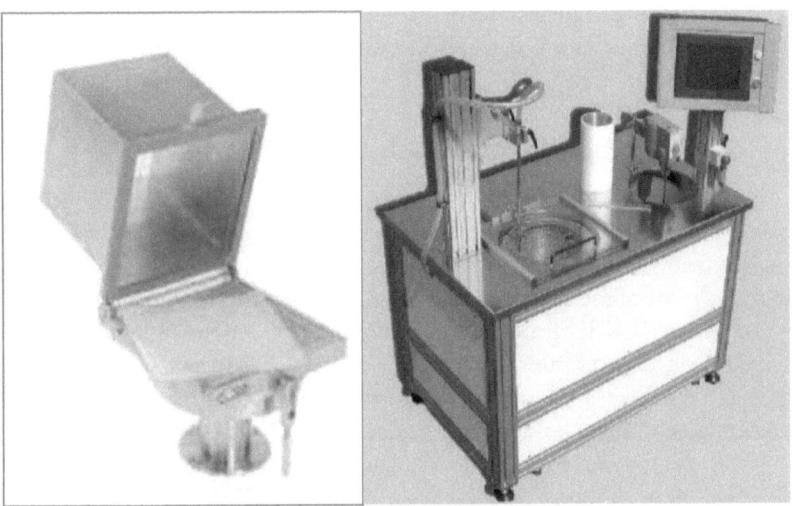

Figura 4. Equipo de Laboratorio para hacer papel (izquierda); Equipo Escala de Banco para hacer papel (derecha). (Tomado de [21]).

La *Planta Piloto* debe montarse y operarse de manera que permita satisfacer al menos uno de los siguientes objetivos principales:
1. Evaluar la factibilidad de un proceso tecnológico.
2. Obtener la información para el diseño de una planta comercial.
3. Obtener cantidades de productos con fines de ensayo o promoción.

Además de esos objetivos, en el caso de la *Síntesis Orgánica* se tienen los siguientes objetivos específicos:
- Obtener "*know-how*" del proceso.
- Corroborar teorías sobre mecanismos de los procesos.
- Obtener información para el tratamiento de residuales.
- Ensayar materiales de construcción.
- Probar métodos de análisis de procesos y control de calidad.
- Estudiar sistemas para el control de procesos.
- Evaluar nuevos equipos y sistemas tecnológicos.
- Entrenar al personal.

En el caso de los *Procesos Biotecnológicos*, se tienen los siguientes objetivos específicos:
1. Confirmar los datos obtenidos a nivel de banco y verificar los criterios de escalado.
2. Seleccionar las estrategias de esterilización del medio y de concentración y purificación de productos.
3. Obtener cantidades de productos para prueba de caracterización, toxicológicas, promoción de mercado y verificación de la viabilidad del proceso.
4. Ofrecer una información de validación a un costo relativamente alto .

Escala Semi-industrial o Demostrativa

El objetivo principal de esta etapa, como su nombre lo indica, es *demostrar la estabilidad operativa de los procedimientos de fabricación desarrollados*, para asegurar que funcionen durante períodos prolongados, a las velocidades de alimentación previstas para la producción comercial [5]. Esta es una etapa cara del proceso de *Escalado* que puede prolongar bastante la introducción de una nueva tecnología en el mercado y sólo se realiza para aquellas tecnologías de una gran complejidad y que representan un salto apreciable en el nivel de desarrollo existente .

Estas plantas se construyen de igual forma que una planta de *Escala Comercial*, pero a una capacidad de producción menor, usualmente un décimo de la proyectada para la escala definitiva, de manera que permita el acopio de experiencias durante su funcionamiento y sirve de modelo a las futuras plantas industriales que se construyan. En general, las diferencias entre las *Escalas de Banco, Piloto y Demostrativa* están fuertemente influenciadas por la industria y la aplicación [22]. Algunas industrias usan los tres términos de manera indistinta, pero en todos los casos se emplean al menos dos de esas etapas.

En ocasiones, la Etapa Demostrativa pudiera omitirse, lo que representaría una considerable reducción en el periodo de desarrollo de una tecnología. Sin embargo, esa decisión debe ser bien sopesada y en especial debe tenerse en cuenta la primera de las recomendaciones para evitar fracasos en el *Escalado*, realizada por *Jim Lane*, en el *7º Congreso Mundial BIO sobre Biotecnología Industrial*: "*Sin omitir ni escatimar pasos: Piloto, Demostrativa y Comercial.*" [4].

A manera de ejemplo, se muestra a continuación la *Planta Demostrativa* y la Industrial, (Figura 5) del proceso de producción de papel, cuyo Escalado a nivel de Laboratorio y Banco se mostró en la Figura 4 [21].

Escala Industrial o Comercial

Normalmente esta Escala no se considera una parte del proceso de investigación y desarrollo, lo que constituye un error conceptual con fuertes implicaciones de índole práctica. Realmente la *Industria* constituye, no sólo una prueba de validación de las experiencias precedentes, sino que enriquece la información ingenieril disponible y los modelos matemáticos formulados y brinda información de gran valor para el perfeccionamiento de equipos, para la optimización del propio proceso productivo y para el futuro diseño de otros productos.

Además, en la mayoría de los casos, las instalaciones a *Escala de Banco y Piloto* se diseñan a partir de un "*scale-down*" de una instalación industrial existente o una supuesta sobre la base de la experiencia acumulada con la operación de otras industrias. Aquí es válido el consejo dado por Lievense: "*Comienza con el final en la mente*".[6] Por todo lo anterior, la Escala Industrial debe ser considerada una etapa muy importante en el conjunto de las tareas de I+D.

Figura 5. Planta para producir papel de Escala Demostrativa (izquierda); Planta de Papel a Escala Industrial (derecha).(Tomado de [21[).

A continuación, a manera de resumen, se muestra una representación esquemática de un proceso total de Escalado, en el que se han considerado todas las etapas (Figura 6), tomado del Curso "*Scale-Up of Chemical Engineering Process*", de la Universidads Pahang, en Malasia [8].

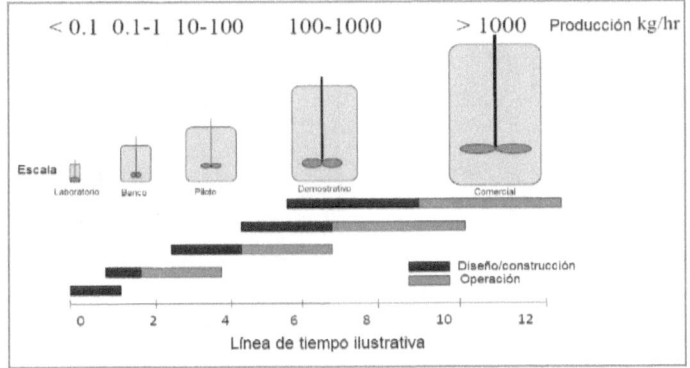

Figura 6. Ejemplo ilustrativo del proceso completo de Escalado de un producto, usando como Criterio de Cambio de Escala la producción en kg/hora [8[.

Enfoque Integral del Proceso de Escalado (Ingeniería Concurrente)

Anteriormente, en una misma empresa existía una separación entre el personal de investigación de los Laboratorios de I+D, el personal de las Plantas Piloto y el personal de operación de las Plantas Comerciales. De esa forma, por ejemplo, el trabajo de los ingenieros de las Plantas Piloto no comenzaba hasta que no estaba terminado el desarrollo en el Laboratorio. Posteriormente, el personal del Laboratorio pasaba a otra tarea y no tenía relación con el desarrollo del trabajo de la Planta Piloto. Sin embargo esta manera de trabajar ha llevado a muchos fracasos y, en el mejor de los casos, provoca un alargamiento del período necesario para la introducción de un logro científico en la práctica social.

En la actualidad, predomina el trabajo conjunto y por ello una de las mejores estrategias para el éxito es el trabajo iterativo entre el personal del *Laboratorio* y el de las *Plantas de Banco y Piloto* [15]. En resumen, lograr que interactúen los *Ingenieros* de las distintas especialidades (químicos, bioquímicos, mecánicos, eléctricos, industriales, etc.) junto con los *Investigadores de Laboratorio* (químicos, bioquímicos, biólogos, médicos, físicos, etc.), desde el inicio mismo del proceso de *I+D*.

Esto es lo que se conoce como *Ingeniería Concurrente* [23], o sea una metodología de trabajo que enfatiza la realización de tareas al mismo tiempo, que a veces se denomina *Ingeniería Simultánea* o *Desarrollo de Productos Integrados* (*DPI*), empleando un enfoque de equipo de producto integrado (Figura 7). Se refiere a un enfoque utilizado en el desarrollo de productos en el que las funciones de Desarrollo, Ingeniería de Diseño, Ingeniería de Fabricación y otras funciones se integran para reducir el tiempo requerido para lanzar un nuevo producto al mercado. Eso implica *la participación de los Ingenieros en todas las etapas del proceso de I+D, incluida la Escala de Laboratorio*, que muchas veces se considera cómo área de trabajo del personal de investigación solamente.

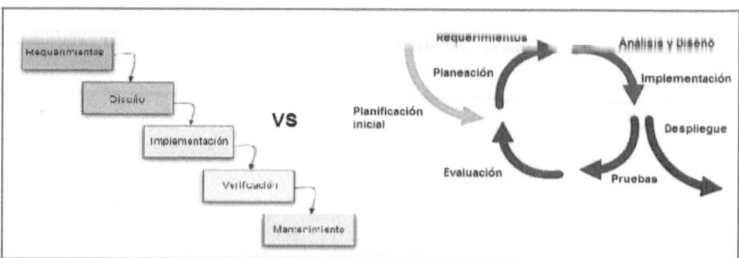

Figura 7. Planificación Secuencial vs. Concurrente, tomando como ejemplo el proceso de desarrollo de un software. (Adaptado de [23]).

Resultado final del trabajo de I+D

Del trabajo conjunto de *Investigación e Ingeniería* en cada una de las *Etapas de I+D*, van surgiendo las variantes iniciales del *Diseño de la Planta*, que sirven en cada caso para diseñar y seleccionar adecuadamente el equipo que se usará en la *Etapa de Escalado* siguiente, lo que permite decidir incluso la eliminación de algunas de las etapas, si el nivel de información así lo aconseja.

Ya desde la *Etapa de Escala Demostrativa*, se llega muy cerca de la etapa final de *Diseño y Proyectos de Ingeniería* y se llega casi a la versión final de la documentación del proyecto, la que debe quedar concluida para el inicio de la construcción de la Planta a Escala Industrial. La documentación debe estar compuesta de:

1. Diagrama de Flujo y Balances de materiales y energía del proceso en su conjunto (*Flujograma del Proceso*).
2. Definición de las especificaciones de equipos y otros elementos del sistema tecnológico.
3. Diseño de Ingeniería de Procesos y Automática de Equipamiento.
4. *Diseño de la Planta*, como un sistema integral, incluyendo los servicios con la calidad requerida, protección del medio y del personal y las buenas prácticas de producción.
5. *Proyecto Ejecutivo* de los equipos y otros elementos de fabricación nacional y definición de los componentes de importación.
6. Documentación técnica de Puesta en Marcha y Operación.

En todas las *Etapas de Escalado* participa un gran volumen de ingenieros y técnicos los cuales, en su mayor parte, han tenido que estar vinculados al desarrollo de las etapas anteriores del proceso de I+D e incluso muchas de las actividades se han desarrollado en paralelo, cumpliendo así con el principio de la *Ingeniería Concurrente*. De esa forma se logra acortar los plazos de terminación de los proyectos y mejorar considerablemente la calidad. Más abajo se muestra un esquema general de la aplicación de la *Ingeniería Concurrente* al *Escalado* (Figura 8).

Otro elemento importante es la utilización, en todas las *Etapas de I+D*, de las herramientas de *Ingeniería de Procesos Auxiliada por Computadoras* (*CAPE*, por sus siglas en inglés), especialmente con el uso de los Simuladores de Procesos (*AspenPlus, CHEMCAD, Design II*, etc.) [3] [14], las aplicaciones de *Dinámica de los Fluidos Computacional* (*CFD* por sus siglas en inglés) [24] [25], como *OpenFOAM, SU^2, PHOENICS, Fluent* y *CFX*, entre otros, así como el uso de la *Modelación Basada en Agentes* (*ABM*, por sus siglas en inglés) [24]. Estas herramientas contribuyen apreciablemente a reducir el tiempo total de Escalado y mejorar su confiabilidad. A continuación, un ejemplo de la aplicación combinada de la *CFD* con la Modelación *ABM* (Figura 9) [24]

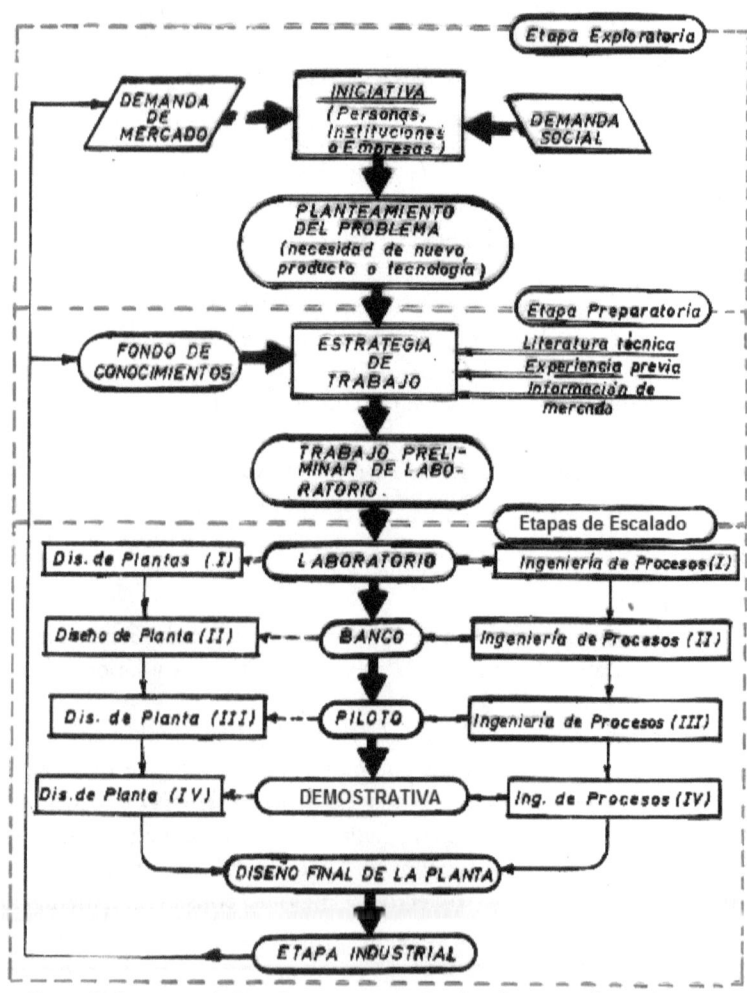

Figura 8. Concepto de Ing. Concurrente aplicado a la I+D, incluyendo Etapas Exploratoria y Preparatoria (Elaboración propia).

Algunos ejemplos de la aplicación del Escalado en la vida doméstica

Escalado de Procesos. Principios Básicos

Por lo analizado hasta este momento, se puede pensar que el *Escalado* se relaciona solamente con los procesos industriales, lo cual no es cierto, ya que *en la vida cotidiana se debe hacer uso de estos conceptos, aunque en la mayoría de los casos es probable que se haga de forma intuitiva o incluso incorrecta.* Un ejemplo de su aplicación en una actividad cotidiana está en la cocina. Si se revisa un libro típico de esta especialidad, como es "*Cocina al Minuto*", de *Nitza Villapol* [26] se puede encontrar en la página 28:

Se aconseja no duplicar o triplicar una receta la primera vez que usted la pruebe. La cocina, en cantidades mayores requiere ligeras modificaciones de condimentos y tiempo de cocción, además de condiciones apropiadas en cuanto a utensilios y refrigeración. La mayoría de las recetas que aparecen en este libro han sido calculadas para condiciones domésticas...

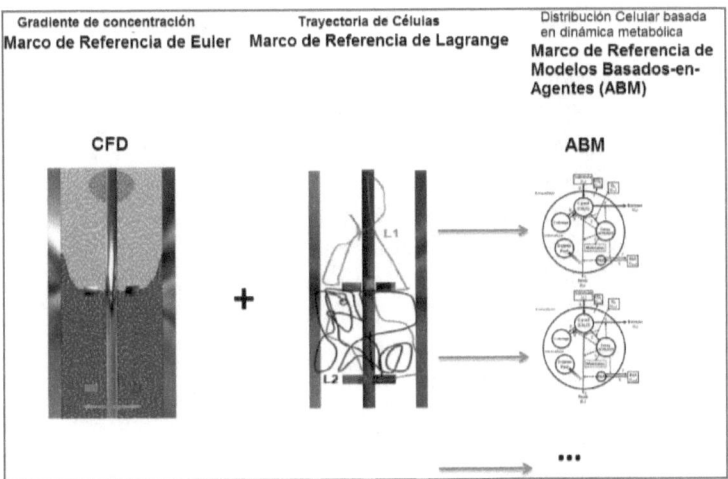

Figura 9. Ejemplo de aplicación de CFM y Modelación ABM en el Escalado de un Biorreactor en Tanque con Agitación (Tomado de [24]).

En ese párrafo queda clara la referencia a los *Problemas de Escalado del Primer Tipo* o sea los relacionados con el *Aumento de Volumen* (cocina doméstica vs. cocina a mayor escala). También puede leerse, en esa misma página:

Para reducir una receta a la mitad use exactamente el 50% de todos los ingredientes....... Para duplicar la receta use exactamente el doble de todos los ingredientes.... Para hacer la mitad de las recetas de pasteles, tortas, etcétera, deben seleccionarse moldes más pequeños en proporción a esa cantidad, para que el tiempo y la temperatura de horneo sean similares. Si se usa el mismo tamaño del molde para la mitad de la receta, el tiempo de horneo será aproximadamente la mitad, pero eso no siempre es recomendable, ni asegura los mejores resultados. Lo mejor es utilizar moldes más chicos... Para duplicar la receta, si se trata de tortas o panetelas, deberá usarse, para más seguridad, dos moldes del tamaño que indica la receta, pero si se desea podrá usarse uno que tenga el doble de capacidad, cuidando el tiempo de horneo, que será entonces mayor y muy variable de acuerdo con las condiciones del medio".

En ese párrafo se trata del <u>Segundo Tipo de Problemas de Escalado,</u> ya que se relaciona con el cambio del *Área Superficial Específica* con el volumen (peso) del alimento (Figura 10). Ese cambio es el que hace que el tiempo de horneado, no sea directamente proporcional a la cantidad de alimento que se introduzca en el horno (carne, pasteles, tortas, etc.). El horneado es un proceso endotérmico. *La carne está lista cuando se alcanza una determinada distribución de temperatura y <u>la cantidad objetivo</u> es la duración de tiempo, θ, necesaria para alcanzar ese campo de temperatura.*

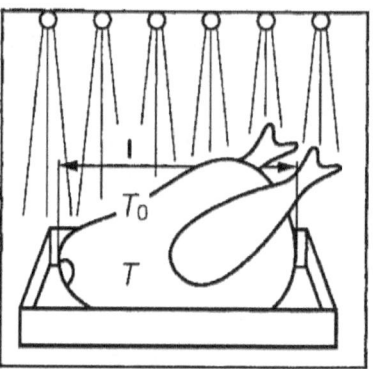

Figura 10. Esquema de un horno para el pavo navideño. Se aprecia que, cuando el pavo cambia de tamaño, cambia L y con ella, el Área Superficial [10].

Para simplificar el análisis se parte del desarrollo ya terminado, después de aplicar la Transferencia de Calor y técnicas de Análisis Dimensional [10] y se obtiene que $\emptyset \propto A$, donde A es el *Área Superficial* de la carne en el horno. Esta afirmación es obviamente inútil como *Regla de Escalado* porque la carne se compra de acuerdo con su peso y no con su superficie. Para remediar esto, hay que tener en cuenta que, en cuerpos geométricamente similares, existe la siguiente correlación entre masa, *m*, superficie, A y volumen, V:

$$m = \rho V \;\propto\; \rho L^3 \;\propto\; \rho A^{\frac{3}{2}} \qquad (A \propto L^2)$$

Por consiguiente, como la densidad, ρ se mantiene constante, se cumple que:

$$A \propto m^{\frac{2}{3}} \qquad y\ por\ consiguiente\ \theta \propto A \propto m^{\frac{2}{3}}$$

De lo anterior, se obtiene la ecuación final:

$$\frac{\theta_2}{\theta_1} \propto \left(\frac{m_2}{m_1}\right)^{\frac{2}{3}}$$

Este es el *Criterio de Escalado* para el tiempo en el horno de un mismo tipo de carne, o sea con la misma difusividad térmica y densidad. Aplicando este criterio se obtiene, por ejemplo, que al duplicar la masa de carne, el tiempo de cocción aumentará en $2^{\frac{2}{3}} = 1.58$

Para comparar, se tomarán los datos de una receta práctica [27] y se compararán con el resultado de la aplicación de la fórmula desarrollada que se muestran más abajo (Tabla 1). El valor del tiempo calculado marcado en rojo es el que se tomó como punto de partida, para extrapolar el incremento de tiempo según la variación del peso del pavo, tanto por encima como por debajo del valor fijado como referencia. Se parte de un punto de referencia para extrapolar porque, en realidad, con la relación de proporcionalidad obtenida no se puede calcular el tiempo de horneo de un pavo de un tamaño. Lo que se puede hacer es extrapolar, a partir de un dato conocido para una condición base, el cambio de tiempo correspondiente a ese cambio de peso y eso es lo que se ha hecho y presentado en la tabla. Como se puede apreciar, la coincidencia es bastante buena.

Tabla 1. Comparación del tiempo de la receta de horneo, con el tiempo extrapolado mediante Análisis Dimensional (Elaboración propia basada en [10]).

No	Masa pavo (lb.)	Tiempo (receta)	Tiempo calculado
1	14	3.2	3.0
2	20	3.8	3.8
3	28	4.8	4.8

CAPITULO 2 TÉCNICAS A EMPLEAR EN EL PROCESO DE ESCALADO

Consideraciones generales

En el *Escalado* hay que tener en cuenta el aspecto económico y en ese caso se considera, de forma general que, desde el punto de vista financiero es más atractivo construir un equipo grande en lugar de varios dispositivos pequeños en paralelo. Los costos de inversión (*Inv*) aumentan con la capacidad de producción (*Cap*) y se cumple, aproximadamente, la llamada *Regla de las 6 Décimas* (0.6), para los equipos de proceso [28]:

$$Inv \sim Cap^{0.6}$$

El valor del exponen depende, por supuesto, del tipo de equipo y además influye mucho la existencia de equipamiento estándar. Por ejemplo, si una válvula se fabrica en diferentes tamaños estándar, podría ser más barato comprar dos válvulas de tamaño estándar que una del doble de tamaño, pero que tiene que ser fabricada especialmente. En casos especiales, como en la Industria Química, el exponente puede llegar a ser 0.7. A continuación se muestra una ilustración de la variación de ese coeficiente, con el aumento de capacidad de una planta química, en la que se incluye la definición de Ganancia, en función de la capacidad de la planta

$$\%Ganancia = (\frac{(Capacidad - Inversión)}{Capacidad}) * 100$$

(Figura 11) [3]

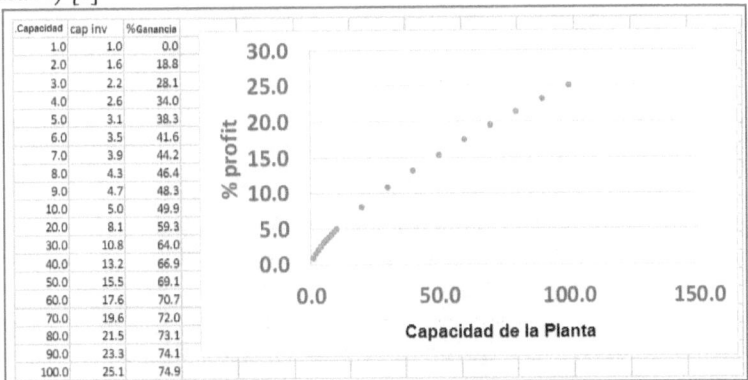

Figura 11. Variación de la ganancia en función de la capacidad de una planta química. (Tomada de [28]).

Otro elemento que hay que tener en cuenta, es la reciente introducción de los *Reactores de un Sólo Uso (Desechables)* y las nuevas condiciones de operación en la industria biofarmacéutica), con lo que se ha introducido el concepto de *Scale-Out* [19] [17] ya que, en esos casos, resulta conveniente mantener pequeño el tamaño de los equipos y aumentar su volumen simplemente aumentando su número. Aunque, por supuesto, esta no es la situación en la totalidad de los casos, al menos en los procesos químicos a gran escala.

Modelos y Prototipos

Teniendo en cuenta que en hay casos en que resulta difícil y costoso, cuando no imposible, experimentar directamente con los procesos de interés, es necesario considerar el empleo de *Modelos* que permitan reproducir, en los *Laboratorios y otras instalaciones de menor escala*, los procesos que se quieren estudiar. En ese caso, se hace necesario aplicar adecuadamente la *Teoría de los Modelos*, cuyos elementos principales se tratarán en este epígrafe.

De todos los conceptos, los fundamentales son los de *Modelo y Prototipo* [28], cuya definición se muestra a continuación: *Un modelo es un dispositivo o medio que está concebido de tal manera que puede ser usado para predecir el rendimiento de un prototipo. El prototipo, a su vez, es el sistema físico a escala completa, que va a ser modelado.*

El *Prototipo* no tiene necesariamente que existir materialmente antes que su **Modelo**. Lo determinante en el trabajo con *Modelos y Prototipos* es la relación que existe entre el comportamiento de las unidades de pequeña y gran escala, con independencia de cuál de ellas exista primero en el tiempo. Lo que sí resulta indispensable, cuando se concibe el *Modelo* de un *Prototipo* aún inexistente, es que esa concepción se haga teniendo en mente el tipo y forma de la unidad a gran escala que se pretende obtener, [6] para lo cual se utilizará la información obtenida en las etapas previas *Exploratoria* y *Preparatoria* (Figura 8).

Esta consideración hace que en la mayoría de los casos el *Escalado* de un producto o proceso desde el *Nivel* de *Laboratorio* hasta el *Nivel Industrial* (*Escalado ascendente, Scaleup*), sea realmente precedido por el proceso de *Escalado* desde el *Equipo Industrial* supuesto hasta el *Laboratorio* (*Escalado descendente - Scale-down*), lo que demuestra que estos dos procesos no son más que etapas de un único e integral *Proceso de Escalado*. Para la realización de ese proceso se utilizan fundamentalmente los métodos basados en el *Principio de Semejanza* y la *Modelación Matemática*, o una combinación de ambos [15].

El *Principio de Semejanza* se aplica a los sistemas en los cuales se emplean *Modelos Homólogos*, o sea aquellos modelos que sólo se diferencian del prototipo en el tamaño o escala. La *Modelación Matemática* , tiene una aplicación más general ya que se puede aplicar también a los *Modelos Análogos*, o sea aquellos que emplean variables de clase diferente a la del prototipo, pero que obedecen a una misma ecuación diferencial.

El Principio de Semejanza

El Principio de Semejanza tiene que ver con las relaciones entre sistemas físicos de tamaños diferentes y es por consiguiente fundamental para la ampliación y disminución de *Escala* en los procesos físicos y químicos [29]. La Similitud es un concepto aplicable a la prueba de *Modelos de Ingeniería*. Se dice que un *Modelo* tiene *Similitud* con la aplicación real (*Prototipo*) si los dos comparten similitud geométrica, similitud, similitud cinemática y similitud dinámica. En este contexto, las palabras *Similitud* y *Semejanza* son intercambiables.

Este principio, como se señaló anteriormente, fue enunciado por primera vez por Newton, para sistemas compuestos por partículas sólidas en movimiento [12] y sus primeras aplicaciones prácticas fueron en los sistemas fluidos, campo en el cual ha probado ser particularmente útil. Muchos científicos relevantes tomaron parte en el desarrollo de la *Teoría de los Modelos*, formulando el *Principio de Semejanza* y sus consecuencias con un alto grado de rigurosidad. Las aplicaciones iniciales de este principio fueron en la construcción naval y posteriormente se extendieron a otros campos de la *Ingeniería Mecánica, Civil y Aeronáutica*.

En el campo de la *Ingeniería Química*, las aplicaciones prácticas iniciales se dirigieron a la correlación del rendimiento de mezcladores de propelas, paletas y turbinas, semejantes geométricamente y se extendieron posteriormente a otros campos más complejos hasta llegar al desarrollo y aplicación de la *Semejanza Química para el Escalado de los Reactores Químicos*. Para la aplicación del *Principio de Semejanza* se parte de considerar que los objetos materiales y los sistemas físicos en general, se caracterizan por tres cualidades: *tamaño, forma y composición*, las cuales son variables independientes. Esto quiere decir que dos objetos pueden diferir en tamaño teniendo la misma composición química y forma o pueden ser iguales en forma pero tener diferentes tamaños y estar compuestos de materiales diferentes [15].

El *Principio de Semejanza* está especialmente ligado con el concepto general de forma, aplicado a sistemas complejos, que incluye no solamente las proporciones geométricas de sus miembros sólidos y superficies, sino también factores como los patrones de flujo de fluidos, gradientes de temperaturas, perfiles de concentración, etc. El concepto general de dimensión física fue introducido por *Joseph Fourier* en 1822 [30]. En resumen: *El Principio de Semejanza establece que la configuración espacial y temporal de un sistema físico, se determina por relaciones de magnitud dentro del sistema mismo y no depende del tamaño del sistema ni de las unidades de medida en las cuales se miden esas magnitudes.*

Estas relaciones de magnitud pueden ser medidas de dos formas diferentes: especificando las proporciones entre diferentes mediciones en el mismo cuerpo (*proporciones intrínsecas o factores de forma*) o comparando mediciones correspondientes en cuerpos diferentes (*relaciones o factores de escala*). En el primer caso se requieren valores de un cierto número de factores de forma para poder definir la configuración de un objeto y por lo tanto su semejanza con otro, mientras que *en el segundo basta con un único y constante factor de escala para definir esa semejanza*.

Como ejemplo de lo anterior se tiene que la forma geométrica de un cuerpo se determina por sus proporciones intrínsecas: (relación altura/ancho, relación ancho/espesor de la pared, etc.) y por ello dos cuerpos serán semejantes geométricamente, cuando esos factores de forma son iguales entre ambos. A su vez cuando se comparan dos cuerpos geométricamente semejantes, las relaciones entre sus respectivas alturas, anchos y espesores son constantes y constituyen el llamado *factor de escala*.

Por esa razón la *Semejanza Geométrica* se define mejor en términos de *correspondencia* y su *factor de escala*. Sin embargo cuando las comparaciones son hechas con otras variables como la velocidad, la fuerza o la temperatura, la semejanza se define mejor con relaciones intrínsecas para cada sistema, las que constituyen los *Grupos Adimensionales*, tan conocidos por los ingenieros. Por tanto, cuando se dice que dos sistemas son semejantes es necesario, además, especificar cuáles son las configuraciones internas de los mismos que se comparan (geométricas, cinemáticas, térmicas, etc.).

Con estas definiciones básicas, se está en condiciones de estudiar más detalladamente el *Principio de Semejanza* y para ello se verán los cuatro tipos de semejanza más importantes en las aplicaciones de Ingeniería Química y Bioquímica:
1. *Semejanza geométrica*: (dimensiones proporcionales).
2. *Semejanza mecánica:*
    a. *Semejanza estática (*deformaciones proporcionales)
    b. *Semejanza cinemática*: (tiempos proporcionales
    c. *Semejanza dinámica*: (fuerzas proporcionales)
3. *Semejanza térmica* (temperaturas proporcionales)
4. *Semejanza química* (concentraciones proporcionales)

Hay que tener en cuenta que si bien estrictamente hablando, cada una de esas semejanzas requiere del cumplimiento de todas las anteriores a ella, es muy difícil lograr eso en la práctica, por lo cual, en muchas ocasiones es necesario aceptar una aproximación, por ejemplo, a la semejanza química, con sustanciales divergencias en la semejanza mecánica. También hay que considerar que todos los casos de *Semejanza* de hecho contienen un elemento de aproximación, debido a factores de distorsión que están siempre presentes y que impiden que en la realidad se pueda obtener una semejanza ideal.

Por ejemplo, dos conductos para fluidos pueden ser diseñados y construidos con dimensiones geométricamente semejantes, pero es virtualmente imposible hacer también semejante geométricamente la rugosidad superficial, y esas diferencias pueden tener alguna influencia sobre los patrones de flujo en ambos conductos. Sin embargo, a menudo esas desviaciones de la semejanza ideal son despreciables y la aproximación obtenida es totalmente válida a los efectos prácticos. En los casos en que no se logre esto, se tienen que considerar los llamados *Efectos de Escala* e introducir correcciones de alguna clase, a la hora de realizar los *Escalados Ascendentes o Descendentes*.

En estas discusiones sobre *Semejanza*, es necesario referirse frecuentemente a cantidades correspondientes y sus relaciones en *Sistemas Semejantes*. En esos casos en *el numerador se colocarán siempre las magnitudes referidas al Prototipo y se diferenciarán de las del modelo por un apóstrofe*. Las relaciones entre ambas cantidades correspondientes se expresarán empleando caracteres en negrita, lo que resulta una forma conveniente y compacta de representar las *Relaciones de Escala* [15].

Semejanza Geométrica

La semejanza geométrica se define mejor en términos de correspondencia y por tanto por el factor de escala **L**, que relaciona las dimensiones lineales de un sistema con las del otro. Para identificarlas, se consideran dos cuerpos (Figura 9) cada uno de los cuales está provisto de tres ejes imaginarios que se interceptan en el espacio, de forma tal que cada punto de los cuerpos es descrito por tres coordenadas y se toma un punto P' dentro del primer cuerpo (el mayor) cuyas coordenadas son X', Y', Z', y un punto P dentro del segundo cuerpo (el menor), cuyas coordenadas son X. Y, Z.

Si se cumple que ambos están relacionados por la ecuación:

$$L = \frac{x'}{x} = \frac{y'}{y} = \frac{z'}{z}$$

donde la relación o factor de escala lineal **L** es constante, se puede decir entonces que esos dos puntos y todos los otros pares de puntos cuyas coordenadas espaciales estén similarmente relacionadas en términos de **L**, son puntos correspondientes. Se define entonces que *dos cuerpos son geométricamente semejantes cuando para cada punto en uno de ellos existe al menos un punto correspondiente en el otro*. El concepto de semejanza geométrica se ilustra más abajo con la figura tomada del clásico libro de Johnstone y Thring [15] (Figura 12), donde x - x', y - y' y z -z' son coordenadas correspondientes, P y P' puntos correspondientes y L y L' longitudes correspondientes.

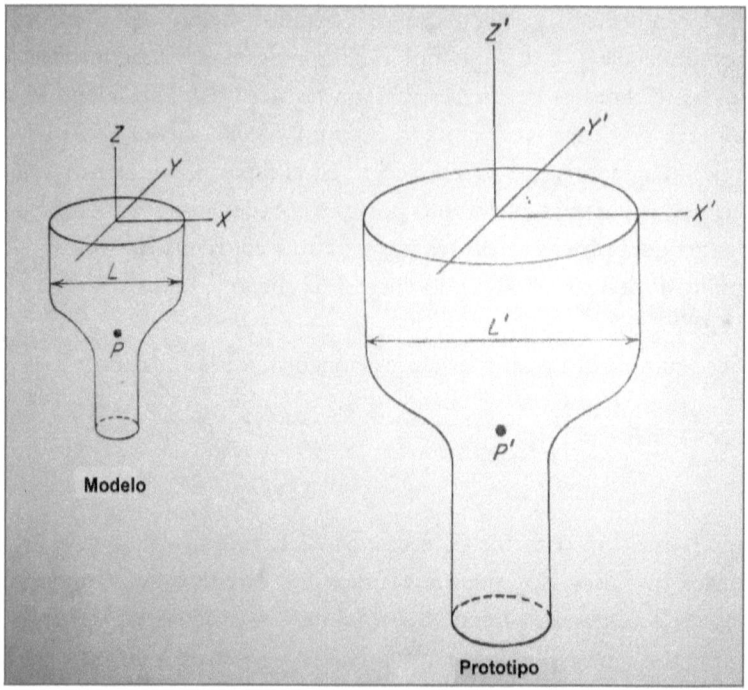

Figura 12. Ejemplo de semejanza geométrica L y L' (Tomada de [15])).

Es posible que cada punto del cuerpo a menor escala tenga más de un punto correspondiente en el segundo. Esto ocurre cuando el segundo cuerpo está compuesto de múltiples elementos cada uno de los cuales es geométricamente similar al primer cuerpo. Este es el caso, por ejemplo, de un panal de miel, el cual es geométricamente similar a una célula dodecaédrica única. Además, no es necesario que las relaciones de escala sean las mismas a lo largo de cada eje y por ello se puede plantear una relación más general, a través de las ecuaciones:

$$\frac{x'}{x} = X \quad \frac{y'}{y} = Y \quad \frac{z'}{z} = Z$$

Donde **X**, **Y**, y **Z**, son *Relaciones de Escala Constantes*, pero no necesariamente iguales entre sí. En los casos en que *las Relaciones de Escala son diferentes en las distintas direcciones, se considera que se tiene una Semejanza Distorsionada*.

Las aplicaciones de esos conceptos geométricos a las plantas de procesos sugieren diferentes tipos de aparatos a pequeña escala que podían ser considerados semejantes a los aparatos de gran escala. Por conveniencia se ha convenido, como se dijo anteriormente, que los aparatos a gran escala se denominen *Prototipos*, con independencia de si existen primero o después que el aparato de pequeña escala, mientras que una réplica semejante geométricamente de un prototipo completo se denomina *modelo*, si las relaciones de escala son iguales en todas las direcciones o *modelo distorsionado* si las relaciones de escala son diferentes en algunas de las direcciones.

Cuando el *prototipo* tiene una estructura múltiple, compuesta por *elementos* sustancialmente idénticos, como por ejemplo, un intercambiador de calor tubular, una torre empacada, un filtro prensa o un reactor catalítico, el aparato a pequeña escala puede ser un *elemento*, o sea una réplica a escala completa de una o más células completas o unidades componentes del *prototipo*. También el aparato a pequeña escala puede ser un *elemento modelo*, o sea un *modelo* a escala de un *elemento* del *prototipo* completo y ese *elemento modelo* puede ser además un *elemento modelo distorsionado*. Todo esto indica el gran número de posibilidades existentes.

Todas esas relaciones geométricas se ilustran en la Figura 13, en la que se muestra también la *Relación de Sección B*, la cual es *la relación entre el área de la sección transversal del prototipo con relación a la del elemento* o del respectivo número de células unitarias o componentes. Los modelos son definidos a través de la relación de escala **L** y los *Elementos* de los modelos tienen a la vez una relación de sección **B** y una o más *Relaciones de Escala*.

El concepto de *Elemento* es útil solamente cuando los efectos provocados por las paredes del recipiente pueden ser ignorados o controlados independientemente, como es el caso de un reactor catalítico, donde la superficie frontera es normalmente despreciable comparada con la superficie interior.

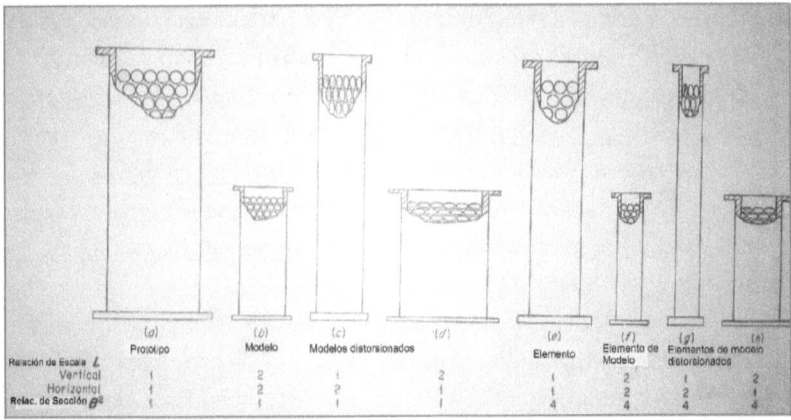

Figura 13. Tipos de semejanza geométrica, incluyendo los Elementos y la Razón de Sección, tomada de [15].

También puede ser permisible, en ciertas circunstancias, considerar un recipiente vacío como un *elemento* de uno grande, cuando, por ejemplo, el recipiente pequeño es controlado térmicamente con un enchaquetado adiabático. Lo fundamental en un *elemento* es que, bajo idénticas condiciones, debe producir el mismo grado de cambio que produce el *Prototipo*, aunque en una menor cantidad de materia.

Por ejemplo, una torre empacada es posible dividirla verticalmente en *elementos*, cada uno de los cuales tiene la misma altura de cama que el prototipo, pero si se divide horizontalmente o se reduce en altura, las partes se convierten en *elementos diferenciales* los cuales no son susceptibles de ser tratados con los *Conceptos de Semejanza*. De igual forma, una sola fila de tubos puede considerarse como un *elemento* de un condensador vertical.

Semejanza Mecánica.

Esta semejanza puede ser considerada una extensión del concepto de *Semejanza Geométrica* a los sistemas estacionarios o en movimiento, bajo la influencia de fuerzas. Por lo tanto, según el tipo de sistemas y de fuerzas, esta semejanza puede ser *Estática*, *Cinemática* o *Dinámica*, las que se verán a continuación.

Semejanza Estática:

La *Semejanza Estática* se relaciona con los cuerpos sólidos o estructuras sometidos a tensiones constantes. Todos los cuerpos sólidos se deforman bajo tensión y como resultado de ello, ciertas partes llegan a ser desplazadas de la posición que ocupaban cuando no estaban sometidas a tensión. Con esa base la semejanza estática se define como: *Dos cuerpos Geométricamente Semejantes son Estáticamente Semejantes cuando, ante tensiones constantes, sus deformaciones relativas son tales que permanecen Geométricamente Semejantes*. En ese caso la relación de los desplazamientos correspondientes debe ser igual a la relación de *escala lineal* y por lo tanto, los esfuerzos en puntos correspondientes serán también iguales.

Cuando el modelo tiene una *Semejanza Geométrica Distorsionada*, las relaciones requeridas de las formas correspondientes para la *Semejanza Estática* serán diferentes en las diferentes direcciones. Esto ocurre también cuando uno o ambos cuerpos son anisótropos y tienen diferentes módulos elásticos en las diferentes direcciones.

La *semejanza estática* es principalmente de interés para los *Ingenieros*

Mecánicos y de Estructuras, los cuales emplean modelos para predecir las deformaciones elásticas o plásticas de miembros tensionados o de estructuras de formas complejas.

Semejanza cinemática

La *Semejanza Cinemática* se relaciona con sólidos o sistemas fluidos en movimiento, lo que añade a las tres coordenadas espaciales, la dimensión adicional del tiempo. Los tiempos se miden partiendo de un cero arbitrario para cada sistema y se definen los *tiempos correspondientes* como los tiempos tales en los cuales t'/t = **t** constante, siendo **t** la relación de escala de tiempo. A su vez la diferencia entre *pares de tiempos correspondientes* se denominan *intervalos correspondientes* y las *partículas semejantes geométricamente* que se centran sobre *puntos correspondientes* en *tiempos correspondientes* se denominan *partículas correspondientes*.

La *Semejanza Cinemática* se define entonces como: <u>Los sistemas en movimiento *semejantes geométricamente* son *semejantes cinemáticamente*, cuando *partículas correspondientes* trazan *trayectorias semejantes geométricamente*, en *intervalos de tiempo correspondientes*</u>.

Si la *relación de escala de tiempo* **t** es mayor que la unidad, el *prototipo* realizará movimientos más lentos que el *modelo* y viceversa. El concepto de *relación de escala de tiempo* es menos familiar que el *de relación de escala lineal* y por ello, para propósitos de ingeniería es más conveniente calcular en términos de *velocidades correspondientes*, las cuales son las *velocidades de las partículas correspondientes* en *tiempos correspondientes*. En el caso de la *Semejanza Geométrica Distorsionada*, las relaciones de las *velocidades correspondientes* serán diferentes en las diferentes direcciones.

La *Semejanza Cinemática* es un estado de particular interés para los *Ingenieros Químicos*, porque si dos sistemas de fluidos son *geométricamente semejantes*, entonces *los patrones de flujo también lo serán* y las variaciones con respecto al tiempo de la transferencia de calor y masa en los dos sistemas, conformarán una relación simple entre sí.

La *Semejanza Cinemática* en los fluidos lleva consigo a la vez la *Semejanza Geométrica* de los sistemas de torbellinos y de las películas límites laminares y por consiguiente, si **L** es la relación de escala lineal, los coeficientes de transferencia de calor y masa en el prototipo serán $\dfrac{1}{L}$ veces los del modelo, lo que permite calcular fácilmente la cantidad total de calor o masa transferida.

En sistemas fluidos tales como chorros líquidos en gases u ondas superficiales en vórtices, se pueden observar y medir normalmente los patrones de flujo, lo que no ocurre en sistemas cerrados de una sola fase. Sin embargo, queda el recurso de medir la velocidad en cualquier punto mediante el empleo de un tubo de Pitot y la indicación de la relación de velocidades en diferentes puntos es una indicación del patrón de flujo.

Para el flujo de fluidos en un tubo lleno o en un recipiente cilíndrico, la relación de la velocidad media a la velocidad máxima, $\frac{v}{v_m}$, resulta un parámetro conveniente. La velocidad media (v), se obtiene dividiendo el área de la sección transversal de la trayectoria del fluido entre la descarga volumétrica por segundo y la velocidad v_m máxima, se mide con un *tubo Pitot* en el eje del tubo o cilindro. Para que haya *Semejanza Cinemática*, la $\frac{v}{v_m}$ relación debe ser constante.

Más abajo (Figura 14) se muestra como varía la relación $\frac{v}{v_m}$ para flujo continuo en tuberías rectas, graficada contra la $\frac{v}{v_c}$, relación conocida como velocidad reducida. En la región ($\frac{v}{v_c}$<1) laminar y de nuevo a $\frac{v}{v_c}$, altas velocidades, es constante o casi constante, pero inmediatamente por encima de la región de la velocidad crítica, varía marcadamente con la velocidad.

Esta figura resulta válida también para tuberías en forma de serpentín y recipientes cilíndricos, siempre y cuando se emplee la velocidad reducida en lugar de la velocidad real, a pesar de que los valores de la velocidad crítica serán diferentes, e ilustra la importante conclusión de que *a velocidades de flujo muy altas o muy bajas los sistemas de flujo de fluidos monofásicos que son geométricamente semejantes, pueden ser tratados como cinemáticamente semejantes*, con independencia de la variación de la velocidad del flujo.

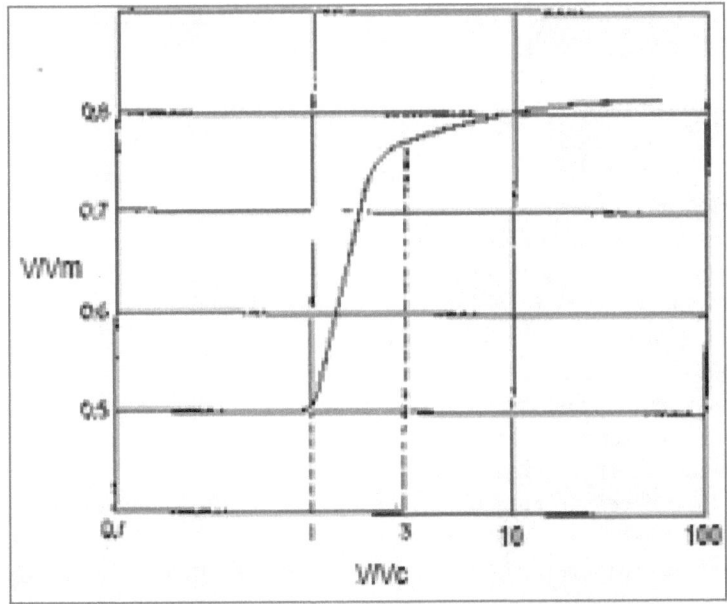

Figura 14. Relación de velocidades en una tubería recta, tomada de [15].

Semejanza Dinámica

La *Semejanza Dinámica* se relaciona con las fuerzas que aceleran o retardan masas en movimientos en sistemas dinámicos. Las *fuerzas de una misma clase* (gravitacional, centrífuga, etc.) que *actúan sobre partículas correspondientes en tiempos correspondientes*, se denominan *fuerzas correspondientes*. Por lo tanto: L*os sistemas en movimiento geométricamente semejantes son dinámicamente semejantes cuando las relaciones entre todas las fuerzas correspondientes son iguales.*

En los sistemas fluidos o en los sistemas compuestos por partículas sólidas discretas, la *Semejanza Cinemática* necesariamente conlleva la *Semejanza Dinámica*, puesto que el movimiento del sistema es función de las fuerzas aplicadas al mismo. Sin embargo, en máquinas o mecanismos en movimiento cuyas partes están obligadas a seguir trayectorias fijas, es posible tener *Semejanza Cinemática* sin ninguna relación fijada de fuerzas aplicadas. En una máquina, sólo algunas de las fuerzas sirven para acelerar las masas en movimiento, mientras que otras producen tensiones estáticas en los miembros restringidos, provocando resistencia friccional que se disipa como calor.

Por ende *los paralelogramos o polígonos de fuerzas para partículas correspondientes serán geométricamente semejantes* y, como una consecuencia adicional, *las relaciones de diferentes fuerzas en el mismo sistema, serán también constantes*. Estas relaciones son las proporciones o relaciones intrínsecas que determinan la "*forma*" *Dinámica de un Sistema* de la misma manera que las relaciones entre las dimensiones lineales determinan la *forma geométrica*. En los sistemas fluidos, las fuerzas principales que actúan son las de presión, inerciales, gravitacionales, viscosas e interfaciales y por consiguiente, las relaciones entre las magnitudes de esas fuerzas, en puntos correspondientes, expresadas como *Grupos Adimensionales*, constituyen los *Criterios de Semejanza Dinámica*.

Para los llamados *sistemas homólogos*, o sea los sistemas dinámicos semejantes geométricamente en los cuales las propiedades físicas y químicas de los componentes materiales son iguales, generalmente no es posible establecer más de dos relaciones entre tres tipos de fuerzas, iguales en ambos sistemas. Cuando los sistemas no son homólogos, o sea cuando los materiales empleados en los dos sistemas son de diferentes propiedades físicas, llega a ser posible mantener tres relaciones constantes, involucrando cuatro tipos diferentes de fuerzas.

Cuando el comportamiento de un sistema es influido significativamente por fuerzas de más de cuatro tipos, la *Semejanza Dinámica* sólo puede establecerse en unos pocos casos especiales, posiblemente con la ayuda de la *Distorsión Geométrica*.

En los sistemas de *Flujo de Fluidos*, la *Semejanza Dinámica* es de importancia directa cuando se desean predecir caídas de presión o consumos de potencia. En el caso de la *Transferencia de Calor y Masa o en las Reacciones Químicas*, su importancia es principalmente indirecta, como una vía para establecer la *Semejanza Cinemática*.

Semejanza Térmica

La *Semejanza Térmica* tiene que ver con los sistemas en los cuales hay un flujo de calor, por lo que introduce la dimensión de *temperatura*, además de las dimensiones de *longitud, masa* y *tiempo*.

El calor puede fluir de un punto a otro por radiación, convección, conducción y movimiento global de materia mediante la acción de un gradiente de presión. Para los primeros tres procesos se requiere un gradiente de diferencias de temperatura y por ello, si se mantienen las otras condiciones iguales, la variación con respecto al tiempo del flujo de calor entre dos puntos varía con la diferencia de temperatura entre ellos.

El cuarto proceso de transferencia de calor, el movimiento global de la materia, depende a su vez de la forma de movimiento o del patrón de flujo del sistema y por consiguiente en sistemas térmicos en movimiento, la *Semejanza Térmica* requiere de la *Semejanza Cinemática*.

Antes de definir la *Semejanza Térmica*, se necesita definir la *diferencia de temperatura correspondiente*, la cual es aquella *diferencia de temperatura en tiempos correspondientes entre un par de puntos dados en un sistema y el par de puntos correspondientes del otro sistema.*

La *Semejanza Térmica* se define entonces planteando que: Dos sistemas geométricamente semejantes son *térmicamente semejantes cuando la relación entre las diferencias de temperatura correspondientes es constante y cuando los sistemas, si están en movimiento, son Cinemáticamente Semejantes.*

En los sistemas *Semejantes Térmicamente, los patrones de las distribuciones de temperaturas formados por las superficies isotérmicas en tiempos correspondientes, son geométricamente semejantes.* La relación de las diferencias correspondientes de temperaturas puede ser llamada la "relación de escala de temperatura" y cuando esta relación es igual a la unidad, las temperaturas en puntos correspondientes son iguales o difieren una de otra en un número fijo de grados. La *Semejanza Térmica* requiere que *las razones de cambio correspondientes de los flujos de calor mantengan una relación constante entre sí.*

Semejanza Química

La *Semejanza Química* se relaciona con sistemas en los que se desarrollan reacciones químicas y en los cuales la composición varía de un punto a otro y, en los procesos discontinuos o cíclicos, de un instante a otro. Para esta semejanza no se requiere introducir nuevas dimensiones, pero hay uno o más parámetros de concentración, en dependencia del número de compuestos químicos variables independientes, con respecto a los cuales se establece la semejanza. No es necesario tampoco que la composición química en los dos sistemas sea la misma, aunque debe existir una relación fija entre las concentraciones puntuales de los compuestos que son comparados.

Cuando un sistema contiene un componente variable B y se desea establecer semejanza con respecto a un componente A, ambas sustancias se denominarán componentes correspondientes. La concentración de un componente químico dado en un elemento de volumen en un tiempo dado, depende de la concentración inicial, la razón mediante la cual el componente es generado o destruido por la acción química, la razón por la que se difunde hacia adentro o hacia afuera del elemento de volumen y la razón por la cual es transportado por movimiento global del material.

A su vez, la variación con respecto al tiempo de la acción química depende de la temperatura, la razón de cambio de la difusión depende del gradiente de concentración y la razón de cambio del transporte global depende de la trayectoria del flujo. Por consiguiente la *Semejanza Química* necesita tanto de la *Semejanza Térmica* como de la *Semejanza Cinemática* y depende de las <u>diferencias de concentración</u> más que de las *concentraciones absolutas.*

Se definen las *diferencias de concentración correspondientes,* como la *diferencia de concentración en tiempos correspondientes*, entre un par de puntos dados de un sistema y el par de puntos correspondientes del otro sistema. Con esa base se define la semejanza química: *Sistemas Semejantes Geométrica y Térmicamente son Semejantes Químicamente* cuando las diferencias de concentraciones correspondientes mantienen una razón constante entre ellas y cuando dichos sistemas, si están en movimiento, son *Cinemáticamente Semejantes.*

En los sistemas *Semejantes Químicamente* se puede considerar que *los patrones formados por las superficies de composición constante en tiempos correspondientes, son geométricamente semejantes.* La relación de las diferencias de concentraciones correspondientes se pueden llamar la "*relación de escala de concentraciones*" y cuando ese valor es igual a la unidad, las concentraciones en puntos correspondientes o son iguales o difieren en una cantidad constante.

En la práctica *los reactores químicos de escala piloto (Modelo) son casi siempre operados en iguales condiciones de temperatura y concentración que el Prototipo* y la relación de semejanza reclamada es la de iguales temperaturas y concentraciones de productos en puntos y tiempos correspondientes, lo cual es un caso especial de la definición general dada más arriba.

Además, la variación con respecto al tiempo de una reacción química puede en teoría ser variada independientemente, cambiando la temperatura. En la práctica, sin embargo, tanto el equilibrio químico como las razones de cambio relativas de las reacciones colaterales indeseadas varían con la temperatura y hay normalmente un rango estrecho de temperaturas dentro del cual la reacción puede proceder para asegurar el máximo rendimiento, tanto en la *pequeña* como en la *gran escala*.

Tanto en el *Modelo* como en el *Prototipo*, el tiempo de reacción será del mismo orden y este requerimiento fija las velocidades relativas en sistemas de flujo continuo. Esas velocidades son incompatibles con las velocidades necesarias para semejanza cinemática, excepto a velocidades muy altas o muy bajas, como se pudo apreciar en la Figura 12.

Por consiguiente, cuando se está *escalando ascendentemente* una reacción química continua, y especialmente cuando hay un tiempo óptimo de reacción, después del cual el rendimiento o la calidad se reduce, es ventajoso operar tanto el *Prototipo* como el *Modelo* en la región laminar o con un alto grado de turbulencia. Si ninguna de esas condiciones es posible, habrá un efecto de escala impredecible y sería prudente en ese caso, o hacer el *escalado ascendente* en varias etapas o emplear amplios factores de seguridad en el diseño.

Criterios de Semejanza y Análisis Dimensional

El análisis hecho sobre la definición de *Semejanza* en los distintos sistemas de interés para la Ingeniería Química y Bioquímica conduce, en todos los casos, al planteamiento de las condiciones necesarias para la existencia de *Semejanza entre Prototipo y Mo*delo. Esas condiciones se expresan como igualdades entre razones de magnitudes correspondientes dentro del mismo sistema, que toman la forma de *Grupos Adimensionales* [31]. Al analizar cualquier sistema, *la Semejanza se determina por la igualdad del valor de dichos grupos en el prototipo y en el modelo*. Estos grupos constituyen los *Criterios de Semejanza* entre los sistemas comparados. Así, por ejemplo, *el Número de Reynolds es el Criterio de Semejanza Dinámico para sistemas de flujo geométricamente semejantes*.

El *Análisis Dimensional*, se define como *una técnica para expresar el comportamiento de un sistema físico en términos de un número mínimo de variables independientes y en una forma tal que no resulten afectadas por los cambios de las magnitudes de las unidades de medidas*. En ese caso, como se dijo anteriormente, las cantidades físicas se agrupan en *Grupos Adimensionales* consistentes en relaciones de magnitudes iguales (longitudes, velocidades, fuerzas, etc.) que caracterizan el sistema, los que constituyen las variables en la *Ecuación Adimensional de Estado (o de Movimiento) del Sistema*.

El *Análisis Dimensional* puede brindar resultados incorrectos a menos que se hayan tenido en cuenta cada una de las variables que influyen significativamente en el sistema que se está analizando, por lo cual es necesario conocer bastante sobre los mecanismos de un proceso antes de poder aplicar con confianza este método. La clave del éxito está en la selección inicial de las variables. Si la lista de variables es muy larga y se incluyen por lo tanto variables cuyo efecto no es apreciable, los factores superfluos se pueden eliminar a veces durante el análisis, pero en la mayoría de los casos esto no es posible y el número de *Criterios de S*emejanza obtenidos resulta innecesariamente grande y el problema de alcanzar la *Semejanza* aparece más difícil de lo que realmente es. Si ,por el contrario, se omite alguna de las variables realmente relevantes en el sistema, el *Análisis Dimensional* llevará a una falsa conclusión.

De lo antes expuesto se deriva el hecho de que la aplicación del *Análisis Dimensional* de forma aislada es muy difícil que conduzca a obtener un conocimiento completamente nuevo. Muchas de las aplicaciones clásicas de este método lo que han hecho realmente es confirmar las relaciones que ya se conocían o al menos se sospechaban, lo que de hecho elimina la dificultad principal de la selección inicial de las variables.

Para obtener los criterios de semejanza a partir del Análisis Dimensional se utiliza el *Teorema* π *de Buckingham* y el *Método de Railegh* y se parte de conocer todas las variables que intervienen en un proceso dado, como se ha dicho anteriormente. La aplicación de estos métodos se pueden estudiar en diferentes textos, como en la segunda edición del excelente libro de *Zlokarnik*: **Scale-Up in Chemical Engineering** [15] o en la séptima edición del *Volumen 1* del **Coulson & Richardson's Chemical Engineering: Fluid Flow: Fundamentals and Applications** [32].

Uno de los resultados más importantes del *Análisis Dimensional*, son los *Números Adimensionales*, que se aplican en los distintos casos de *Semejanza*. Más abajo se relacionan los principales *Números Adicionales* que se utilizan en el *Escalado*, tomado del capítulo escrito por Zlokarnik en el libro **Pharmaceutical Process Scale-Up** (Tabla 1) [33].

El concepto de Régimen

En la práctica, los sistemas físicos se clasifican al igual que las *Semejanza*s, como *estáticos, dinámicos, térmicos, químicos*, etc. y, además, cualquier sistema real puede ser clasificado en más de uno de esos tipos, de acuerdo con el aspecto particular de su comportamiento que se considere. Por ejemplo, un condensador tubular constituye un sistema *estático* con respecto a las tensiones en los tubos y la coraza; *dinámico* con respecto a los patrones de flujo y la caída de presión; *térmico* con respecto a la transferencia de calor y un sistema *químico* con respecto a las incrustaciones y la corrosión. Por lo tanto, los *Criterios de Semejanza* a emplear variarán de acuerdo a cuál de esos efectos está siendo estudiado.

Anteriormente también se definieron los *Criterios de Semejanza Adimensionales* (Tabla 2), como las *relaciones de cantidades físicas que son función de las diversas fuerzas o resistencias que controlan la variación con respecto al tiempo de la reacción*, por lo cual cuando en un sistema hay diversos factores controlantes de clases diferentes, habrán también varios *Criterios Adimensionales*.[31].

Por ejemplo, la resistencia al movimiento de un fluido puede ser debida al arrastre viscoso, a las fuerzas gravitacionales o a la tensión superficial y en cada caso los criterios adimensionales de semejanza serán los grupos de *Reynolds, Froude* y *Weber* respectivamente. Sin embargo, para sistemas

homólogos de diferentes magnitudes absolutas, esos tres criterios son mutualmente incompatibles, puesto que cada uno de ellos requiere que la velocidad del fluido varíe como una función diferente de la dimensión lineal, ya que
:
- Para iguales *Números de Reynolds* v es proporcional a **L**$^{-1}$.
- Para iguales *Números de Froude* v es proporcional a L$^{0.5}$.
- Para iguales *Números de Weber* v es proporcional a L$^{-0.5}$

Si se emplean fluidos con muy diferentes propiedades físicas en los dos sistemas y *se selecciona una relación de escala apropiada, es posible, dentro de ciertos límites, satisfacer simultáneamente dos cualesquiera de esos criterios, pero es casi imposible cumplir con los tres a la vez.* Por ejemplo, en un mezclador de paletas sin deflectores, el patrón de flujo depende tanto del *Número de Reynolds* como del de *Froude* y ambos criterios pueden hacerse iguales en *mezcladores semejantes geométricamente* sólo si se emplean líquidos de diferentes visco*sidades en el Prototipo y en el Modelo. En ese caso, para iguales* Números *Froude*:

$$\frac{v}{v'} = \left(\frac{L}{L'}\right)^{1/2}$$

Y para iguales *Números de Reynolds*:

$$\frac{v}{v'} = \frac{L}{L'}\left(\frac{\gamma}{\gamma'}\right)$$

donde γ es la viscosidad cinemática del líquido. Igualando ambas condiciones se tiene:

$$\left(\frac{L}{L'}\right)^{1/2} = \frac{L'\gamma}{L\gamma'}$$

O lo que es igual a:

$$\frac{\gamma}{\gamma'} = \left(\frac{L}{L'}\right)^{3/2}$$

Es decir, se puede lograr una *Semejanza Dinámica* rigurosa, si e escoge un líquido para el *modelo* con una viscosidad cinemática mucho menor que la del fluido en el *prototipo*. Por ejemplo, si en el prototipo se va a emplear agua, se puede considerar el empleo de mercurio en el modelo, ya que el mercurio tiene una viscosidad cinemática a 20°C, 8.9 veces menor que la del agua, y en ese caso la reducción de escala debe ser:

$$\frac{L}{L'} = 8.9^{2/3} = 4.3$$

Tabla 2. Números adimensionales más importantes (tomado de [31]).

Nombre	Símbolo	Grupo	Observaciones
A. Operaciones Unitarias Mecánicas			
Reynolds	Re	vl/ν	$\nu \equiv \mu/\rho$
Froude	Fr	$v^2/(lg)$	
	Fr*	$v^2\rho/(lg\Delta\rho)$	$\equiv Fr(\rho/\Delta\rho)$
Galilei	Ga	gl^3/ν^2	$\equiv Re^2/Fr$
Archmedes	Ar	$g\Delta\rho\, l^3/\nu^2\rho$	$\equiv Ga\,(\Delta\rho/\rho)$
Euler	Eu	$\Delta p/(\rho v^2)$	
Newton	Ne	$F/(\rho v^2 l^2)$	fuerza
		$P/(\rho v^3 l^2)$	potencia
Weber	We	$\rho v^2 l/\sigma$	
Ohnesorg	Oh	$\mu/(\rho\sigma l)^{\frac{1}{2}}$	$\equiv We^{\frac{1}{2}}/Re$
Mach	Ma	v/v_s	$v_s =$ velocidad del sonido
Knudsen	Kn	λ_m/l	$\lambda_m =$ longitud de la trayectoria libre molecular
B. Operaciones Unitarias Térmicas (transferencia de calor)			
Nusselt	Nu	hl/λ	
Prandtl	Pr	ν/a	$a \equiv \lambda/(\rho C_p)$
Grashof	Gr	$\beta\Delta T g\, l^3/\nu^2$	$\equiv \beta\Delta T Ga$
Fourier	Fo	at/l^2	
Péclet	Pe	vl/a	$\equiv RePr$
Rayleigh	Ra	$\beta\Delta T g\, l^3/(a\nu)$	$\equiv GrPr$
Stanton	St	$h/(v\rho C_p)$	$\equiv Nu/(RePr)$
C. Operaciones unitarias térmicas (transferencia de masa)			
Sherwood	Sh	kl/D	$k =$ Coeficiente de transferencia de masa
Schmidt	Sc	ν/D	
Bodenstein	Bo	vl/D_{ax}	$D_{ax} =$ Coeficiente de dispersión axial
Lewis	Le	a/D	$\equiv Sc/Pr$
Stanton	St	k/v	$\equiv Sh/(Re\,Sc)$
D. Ingeniería de las Reacciones Químicas			
Arrhenius	Arr	$E/(RT)$	$E =$ Energía de activación
Hatta	Hat$_1$	$(k_1 D)^{\frac{1}{2}}/k_L$	Reacciones de 1er. orden
	Hat$_2$	$(k_2 c_a D)^{1/2}/k_L$	Reacciones de 2do. orden
Damköhler	Da	$\dfrac{cH_R}{\rho C_p T_0}$	Original
	Da$_I$	$k_1\tau$	$\tau =$ Tiempo de residencia
	Da$_{II}$	$k_1 l^2/D$	$\equiv Da_I\,Bo$
	Da$_{III}$	$k_1\tau\left(\dfrac{cH_R}{C_p\rho T_0}\right)$	$\equiv Da_I\left(\dfrac{cH_R}{\rho C_p T_0}\right)$
	Da$_{IV}$	$\dfrac{k_1 cH_R l^2}{\lambda T_0}$	$\equiv Da_I\,Re\,Pr\left(\dfrac{cH_R}{\rho C_p T_0}\right)$

O sea:

$$L' = 4.3L \quad \text{ó} \quad L = \frac{L'}{4.3}$$

Por lo cual, el modelo deberá ser 4,3 veces menor que en el *prototipo*. Por consiguiente, cuando se escala un proceso físico o químico complejo, resulta ventajoso escoger condiciones tales que las variaciones con respecto al tiempo del proceso completo dependan predominantemente de un sólo *Criterio Adimensional*, aunque en los experimentos con modelos puramente físicos en los cuales se tenga un sistema no homólogo, se pueden utilizar dos *Criterios Adimensionales* a la vez.

El proceso determinante en la razón de cambio de un sistema debe distinguirse del proceso principal que tiene lugar o del que es el objetivo de la operación a efectuar Por consiguiente, las *reacciones químicas* pueden estar sujetas a un *Régimen Dinámico* cuando el sistema es heterogéneo y la velocidad de reacción muy alta. De manera semejante, la *transferencia de calor* está sujeta a un *Régimen Dinámico* cuando la *convección forzada* es la que controla la rapidez, mientras que el *Régimen* será *Térmico* cuando controlan la *radiación* o la *convección natural*.

El término *Régimen* se emplea en este texto para distinguir el proceso que determina la razón de cambio de un sistema en el cual pueden estar ocurriendo otros varios procesos en serie o en paralelo, o en otras palabras, *régimen es la fuerza particular, flujo o factor de resistencia que controla la razón de cambio global del sistema*. En un sistema *estático*, por ejemplo, el *régimen* distingue los factores que gobiernan el *desplazamiento total*.

En un sistema dado, el *régimen* depende de las magnitudes relativas de las diversas resistencias de la reacción y las mismas varían con las condiciones de operación. Por ejemplo, en una *reacción química* que está sujeta a un *Régimen Dinámico* el incremento de la agitación puede llegar a disminuir la resistencia de la difusión hasta un punto en el cual la resistencia de la conversión predomine y el régimen se convierta en *químico*. Entre estos dos regímenes hay una región intermedia de *Régimen Mixto* en la cual, tanto la resistencia de la conversión como la de la difusión son apreciables.

Correspondiendo a cada una de las clases principales de *regímenes* (*estático, dinámico, térmico o químico*), existen diversas variantes posibles de acuerdo con la naturaleza de la *fuerza motriz* o *factor de resistencia* que controle la resultante, ya sea ésta una cantidad total o una variación con el tiempo Por ejemplo, un *régimen dinámico fluido* puede ser controlado por *la relación de las fuerzas de inercia a las de viscosidad, gravedad o tensión superficial* y a su vez, el régimen controlado por la viscosidad puede ser *laminar* o *turbulento*.

Teniendo en cuenta lo antes expuesto, para realizar un *Escalado Ascendente o Descendente* confiable, son necesarias dos condiciones:

1. *El régimen debe ser relativamente puro*, o sea <u>la variación con respecto al tiempo de la reacción debe depender principalmente de un único</u>

Grupo Adimensional.
2. El régimen debe de ser del mismo tipo, tanto en el *prototipo* como en el *modelo*.

La primera condición ya ha sido analizada y la segunda requiere que, cuando se planifican una serie de experimentos con *modelos* o en *Plantas Piloto*, se tengan constantemente en mente las condiciones correspondientes en el *prototipo*, para impedir que el régimen vaya a ser diferente. Esto puede ocurrir principalmente cuando es necesario *extrapolar* las *Relaciones de Semejanza* [15].

Determinación teórica del régimen de un sistema

El régimen prevaleciente en un sistema es posible a veces determinarlo por simple inspección como, por ejemplo, cuando se transfiere calor a un líquido por convección natural y resulta obvio que se trata de un *régimen térmico*, en el cual *la diferencia de temperatura* es la *única variable de proceso que afecta la variación con respecto al tiempo de la transferencia de calor*. Sin embargo, cuando el régimen prevaleciente no es evidente, se debe realizar su determinación teórica o empíricamente.

El método teórico consiste en examinar la razón de cambio del sistema y calcular por separado el orden de magnitud de los factores de resistencia, componentes de fuerzas motrices o flujos que se combinan para determinar la rapidez de cambio global. Este método resulta muy útil para la definición del *Criterio de Escalado* a aplicar en muchas situaciones prácticas.

Por ejemplo, en la combustión de un combustible líquido atomizado se puede calcular que, bajo condiciones normales, *el tiempo requerido para que las gotas se evaporen y después combustionen, son en su conjunto menores que la décima parte del tiempo requerido para su mezcla con el aire de combustión*. Por consiguiente, *el proceso en su conjunto será controlado por la resistencia de la difusión* y estará sujeto a un *Régimen Dinámico*.

Un procedimiento muy empleado para la determinación teórica del régimen predominante en un sistema, es el de obtener los *tiempos correspondientes*, llamados también *constantes de tiempo*, para cada uno de los términos de la ecuación diferencial que describe el comportamiento de un sistema dado. Para ilustrar ese procedimiento se tomará como ejemplo un *biorreactor agitado mecánicamente* en el cual se lleva a cabo una fermentación aerobia. Más abajo, se presentan las expresiones para calcular las distintas *constantes de tiempo* y se muestran los valores típicos obtenidos con esas expresiones, para una fermentación industrial de ácido glucónico (Tabla 3) [34].

Tabla 3. Constante de tiempo o tiempos correspondientes de una fermentación aerobia en un fermentador tipo tanque agitado. Traducida de [34].

Proceso	Ecuación	Const. de tiempo para el ejemplo
Fenómenos de Transporte		
Transferencia de masa gas-líquido	$t_{gL} = \dfrac{1}{k_L a_L}$	5.5 - 11.2
Tiempo de circulación	$t_c = \dfrac{v/n}{1.5 d_L^3 n}$	12.3
Tiempo de residencia del gas	$t_G = (1-\alpha_G)\left(\dfrac{v}{V_G}\right)$	20.6
Transferencia de calor	$K_{HT} = \dfrac{V \rho c_p}{na}$	330 - 650
Conversión		
Consumo de oxígeno	$t_{oc} = \dfrac{C_L}{r_g^{max}}$	0.7 16
Utilización del sustrato	$t_{sc} = \dfrac{S_o}{r_g^{max}}$	5.50E+04
Crecimiento de biomasa	$t_g = \dfrac{1}{\mu_{max}}$	1.20E+04
Producción de calor	$t_{HP} = \dfrac{\rho c_p \Delta_{temp}}{r_{HM} + r_{HS}}$	350

Del análisis de esos valores se pueden extraer muchas informaciones útiles para el control de dicho proceso. Por ejemplo, el orden de magnitud muy similar que tienen tanto la constante de tiempo de transferencia de oxígeno como la de su consumo, indican que puede existir, en un momento dado, limitación de oxígeno. <u>Los valores elevados de las constantes de crecimiento de biomasa y de utilización de sustrato, y en especial esta última, indican la importancia especial de estos parámetros en el *escalado*</u> de la fermentación de ejemplo. No obstante, el hecho de que la determinación de las constantes de tiempo requiere el empleo de correlaciones empíricas, como las de $k_l a_l$, determinación del coeficiente el éxito de estos análisis depende mucho de la calidad de las correlaciones utilizadas, lo cual en muchos casos es cuestionable [34].

Determinación empírica del Régimen de un sistema

El método empírico de determinación del régimen prevaleciente consiste en observar experimentalmente el efecto de ciertas variables en la variación global del sistema, sin que sea necesario conocer la ecuación de dicha variación. Este método es particularmente aplicable cuando están involucradas tanto la *Resistencia Química*, como la *Difusión*.

Para un sistema de ese tipo, el diseño de la planta y la selección de las condiciones de operación dependerán en gran medida de si prevalece un *Régimen Químico* o *Dinámico* y el método para determinarlo es observar el efecto que tienen el cambio de temperatura (medido generalmente por el denominado *Coeficiente de Temperatura de 10°C* (Q_{10}) [35]) y del grado de agitación (medido a su vez, generalmente, por el *Índice de Reynolds*), sobre la rapidez global. Q_{10} se calcula como:

$$Q_{10} = \left(\frac{R_2}{R_1}\right)^{10°/(T_2-T_1)}$$

Donde **R** es la razón de cambio y **T** la temperatura medida en grados Celsius o Kelvin. A continuación se presenta la ecuación despejada para R_2, en la que se puede apreciar lo que se asume con la ecuación Q_{10} es que la tasa de reacción **R** depende exponencialmente de la temperatura [35]:

$$R_2 = R_1 \, Q_{10}^{(T_2-T_1)/10°}$$

Más abajo se muestra un gráfico que representa la dependencia en la temperatura de las tasas de reacción de diferentes procesos biológicos (Figura 15) [35]. Las conclusiones a que se pueden llegar a partir de esos parámetros se resumen en las siguientes reglas generales:

1. Un coeficiente de temperatura $Q_{10} > 2$ caracteriza un *Régimen Químico*. Un coeficiente $Q_{10} < 1.5$ caracteriza un *Régimen Dinámico*.
2. Un *Índice de Reynolds* $Re \sim 0$, caracteriza un *Régimen Químico* o un *Régimen Dinámico Laminar*; $0.5 <= Re <= 0.8$ caracteriza un *Régimen Dinámico Turbulento con Interface Fija* y un $Re\ 3 <= Re <= 5$ caracteriza un *Régimen Dinámico con Interface Fija*, o sea un sistema de dos fases, líquido-líquido o gas-líquido(en este caso es más probable que el Criterio de Semejanza sea el *Número de Weber* en lugar del *Número de Reynolds*).

3. Cuando $Q10 > 1.5$ y el $Re < 0.5$, prevalece un régimen *Dinámico - Químico* mixto.

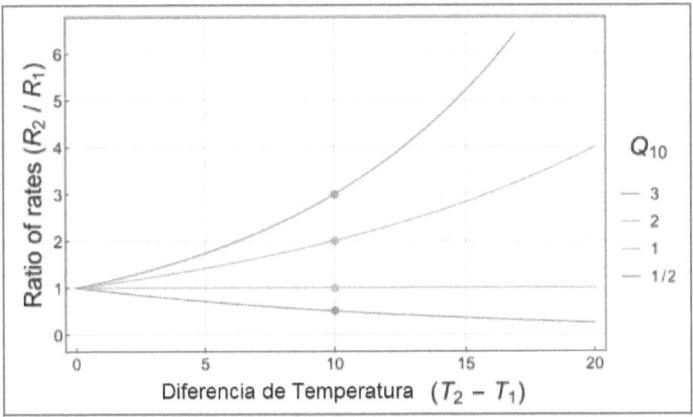

Figura 15. Variación de la razón de las tasas de reacción (R_2/R_1) en función de la diferencia de temperaturas. La diferencia a 10º son las marcadas con puntos y son la relación Q_{10} (Tomado de[35]).

Régimen Mixto

Cuando el C_{10} *de una reacción está por debajo de* **2** *y el Índice de Reynolds es sustancialmente mayor que* **cero***, pero menor que* **0.6**, <u>tanto la resistencia de la difusión como la resistencia de la conversión tienen una influencia considerable en la velocidad de reacción global.</u> También, en el caso en que exista un *Régimen Dinámico* puro, esto indica que tanto la viscosidad como la gravedad influyen significativamente en la razón de cambio del sistema, o sea que tienen que ser tomados en cuenta simultáneamente los *Números de Reynolds y de Froude*. En ambos casos, se está en presencia de lo que se conoce como *Régimen Mixto*.

En general, un *Régimen Mixto* existe cuando hay dos o más resistencias de reacción que influyen significativamente en la rapidez de la reacción, las cuales conforman relaciones de escala lineales diferentes. De esta forma, si el proceso se escala con respecto a una clase de resistencia, no habrá entonces semejanza con respecto a la otra.

Este tipo de problemas se encuentra constantemente en la práctica y para ello se necesita poder contar con diversos métodos empíricos que permitan corregir una de las resistencias mientras se escala con respecto a la otra. Por esta causa la presencia de un *Régimen Mixto* marca siempre un punto de peligro en cualquier proceso nuevo, puesto que *no siempre se puede encontrar una base confiable para predecir el comportamiento en la escala mayor a partir de los resultados de los experimentos a pequeña escala.*

Algunas veces es posible sacar a la reacción de la región de *Régimen Mixto* cambiando las condiciones de operación de manera tal que una de las clases de resistencia se haga despreciable. Por ejemplo, teniendo en cuenta que las reacciones químicas tienen mayores coeficientes de temperatura que los fenómenos relacionados con la difusión, un incremento de la temperatura tiende a convertir un *Régimen Químico* en un *Régimen Dinámico* controlado por la viscosidad.

Además, cuando se tiene un régimen químico heterogéneo, la reducción del grado de agitación incrementa la resistencia de la difusión de forma tal que el *Régimen* tiende a pasar primero a *Mixto* y después a totalmente *Dinámico*. En cada caso un cambio de temperatura o agitación, respectivamente, en cualquier dirección, puede llevar a la reacción fuera del *Régimen Mixto*, siempre y cuando el cambio pueda realizarse en la magnitud requerida. De igual forma cuando se tiene un *Régimen Mixto* controlado por la gravedad y la viscosidad, un cambio en la geometría del sistema puede eliminar el efecto de la gravedad, como ocurre cuando se introducen deflectores en un mezclador de paletas.

Cuando es imposible o impracticable escapar de un *Régimen Mixto* mediante la modificación de las condiciones de operación, hay varios procedimientos mediante los cuales las dificultades inherentes del *Régimen Mixto* pueden ser resueltas, por lo menos parcialmente. Entre esos procedimientos se tiene [15] [31] [31]:

1-*Calcular uno de los factores de resistencia y realizar los experimentos con modelos para determinar el otro*: El ejemplo clásico de este procedimiento es la prueba en tanques de modelos de cascos de buques [31]. En ese caso, el sistema, se caracteriza por el *Coeficiente de Arrastre* (C_D), el cual depende tanto del *Número de Reynolds* (*Re*) como del *Número de Froude* (*Fr*) y se calcula de la forma siguiente:

$$C_D = \phi(Re, Fr) = \phi_1(Re) + \phi_2(Fr)$$

Por lo tanto, se considera el *Coeficiente de Arrastre Total* (C_D) formado por dos *Coeficientes de Arrastre*, uno debido a la fricción pelicular, que es proporcional al *Número de Reynolds* y otro debido a la formación de ondas, proporcional al *Número de Froude*:

$$C_{Df} = \phi_1(Re)$$
$$C_{Dg} = \phi_2(Fr)$$

El *Coeficiente de Arrastre debido a la Fricción* (C_{Df}), se calcula mediante el empleo de la teoría de la capa límite y en el experimento se determina el *Coeficiente de Arrastre debido a la Formación de Ondas* (C_{Dg}), restando al coeficiente total medido (C_D), el coeficiente calculado para la fricción (C_{Df}). El *Escalado* se realiza entonces basado en *la igualdad del número de Froude* en el *prototipo* y en el *modelo*. Más abajo se muestra un tanque de pruebas para cascos de barcos dónde además de diseñar barcos, se toman mediciones para poner a punto la simulación por CFD que permita reducir considerablemente el tiempo de pruebas reales en los tanques (Figura 16) [36].

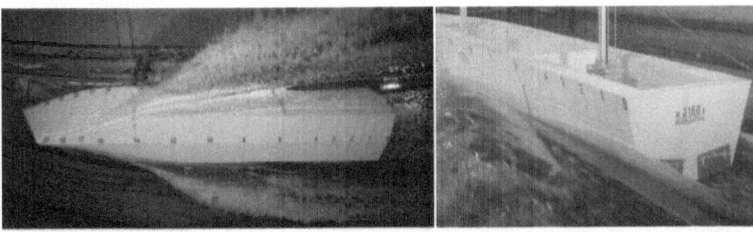

Figura 16. Vista del casco desde abajo (izquierda) y desde arriba (derecha), donde se aprecian las olas formadas por el desplazamiento del barco. (Tomado de [36]).

2- *Realizar una distorsión geométrica del modelo para compensar el régimen mixto:*
Otro ejemplo es cuando hay un tubo simple a través del cual fluye y reacciona químicamente una mezcla gaseosa, mientras que el calor generado se remueve del exterior del tubo por radiación y convección natural. La rapidez global de la reacción estará influenciada tanto por la composición química como por la rapidez de la transferencia de calor, o sea el *Régimen es parcialmente Químico y parcialmente Térmico*. En ese caso, para lograr la *Semejanza la temperatura de reaccion debe ser la misma tanto en la escala grande como en la pequeña* y también *la pérdida de calor por unidad de área debe ser igual en ambas escalas*.

Estos requerimientos simultáneos no pueden ser cumplidos por un *modelo*, puesto que la superficie relativa del mismo siempre es mucho mayor que la del *prototipo* y, por consiguiente, las pérdidas de calor serán excesivas en el *modelo* y la temperatura de reacción no se podrá manter, lo que impide el *Escalado*. En ese caso la Semejanza solo se puede alcanzar, si se distorsiona geométricamente el *modelo* de forma tal que el área superficial por unidad de volumen sea igual a la del *prototipo*, lo que se logra manteniendo igual el diámetro en el *modelo* y en el *prototipo*, por lo cual el *modelo* será un recipiente achatado, en lugar del tubo alargado del prototipo y por ello hay que ajustar los flujos de reactivos de forma tal que el tiempo de residencia sea igual en ambos. Estas distorsiones de *modelos* y el concepo de *Elemento Modelo* se pueden apreciar en la Figura 13.

Con ese *Modelo Distorsionado en la Vertical*, se logra mantener la condición de igual temperatura, al ser igual la transmisión de calor al exterior y solamente hay que tener en cuenta los posibles efectos de las pérdidas de calor mayores que pueden existir en los extremos del modelo achatado. Esto último se puede prevenir mediante aislamiento, aunque se debe tener en cuenta que los efectos de los extremos sólo pueden ser despreciados en un rango de escala moderado. Cuando la reducción de escala es demasiado grande, este método tiende a dar un modelo con forma de torta, en el cual los efectos de los extremos pueden llegar a ser predominantes.

Bajo las circunstancias arriba mencionadas, el coeficiente de transferencia de calor interno será menor en el *modelo* que en el *prototipo* a causa de la menor velocidad de fluido. Esta diferencia se considera que tiene una influencia despreciable en el coeficiente global y, además, la *Semejanza* puede ser mejorada calculando aproximadamente los coeficientes de película internos en ambos recipientes y considerando suficiente superficie extra en el modelo para compensar la pequeña disminución del coeficiente global que pueda producir la disminución del coeficiente interno. En otras palabras, la discrepancia de segundo orden debido a los coeficientes de película internos se corrige *aplicando el método 1 explicado anteriormente*.

Otros ejemplos de este tipo se tienen en los casos de varios sistemas hidráulicos complejos como los aliviaderos en las presas, el control de inundaciones, el estudio de las características de los estuarios de los ríos y la protección de puertos mediante rompeolas artificiales, entre otros, en los cuales la reducción de escala es muy grande y se está en presencia de una dependencia simultánea de los *Números de Froude y Reynolds*.

En esos sistemas se hace necesario tomar grandes relaciones de reducción de las distancias en los *modelos*, siendo típico un valor de 1000, debido al tamaño de los *prototipos*. Sin embargo, si se toma la misma relación de reducción para las distancias verticales, resultan profundidades demasiado pequeñas en el *modelo*, por lo que hay que aplicar una *Semejanza Geométrica Distorsionada (Figura 13)*, tomándose por ejemplo, un valor de 100 para la reducción d las distancias verticales y manteniéndose 1000 para las horizontales.

3- <u>Modificar uno de los factores controlantes mediante algún arreglo artificial en el modelo</u>: En el primer ejemplo anterior, en lugar de un *modelo* <u>distorsionado con igual diámetro que el *prototipo*</u>, puede emplearse un tubo de reacción modelo a escala, si se reduce artificialmente la pérdida de calor a través de la superficie externa mayor del modelo, mediante el empleo de un aislante adecuado, llevándola al mismo valor por unidad de área del *prototipo no aislado*. Esta solución se tratará más ampliamente en el tema de los *Efectos de Frontera* [15].

Limitaciones del Principio de Semejanza

Una de las razones para que el *Principio de Semejanza* no haya sido desde un inicio más ampliamente aplicado a las *Plantas Piloto* es el hecho de que estas plantas deben necesariamente procesar los mismos materiales que la *Planta a Gran Escala* y bajo esos requerimientos la Semejanza estricta requiere que el modelo o el prototipo *operen bajo condiciones que son impracticables o que cambian el régimen de flujo*. Por ejemplo, en mezcladores de paleta bien provistos de deflectores, el *Criterio de Semejanza Dinámico* es la *Igualdad de los Números de Reynolds modificados* y eso conduce, cuando las relaciones de escalado son grandes, a velocidades de agitación muy bajas en el *prototipo* lo que resulta antieconómico o una velocidad tan alta en el *modelo*, que puede ocurrir cavitación y por lo tanto existir interferencias en el régimen de flujo.

Además, la potencia consumida por el *modelo* es **L** veces la del *prototipo* y el calor provocado por la fricción por unidad de volumen de fluido es **L** veces la del *prototipo*. Una potencia tan elevada no es siempre posible de aplicar en un *modelo* y la evolución de calor puede alterar apreciablemente la viscosidad de los líquidos que están siendo mezclados.

Otras veces la *Semejanza de Reynolds* requiere velocidades de flujo en la escala pequeña que se aproximan a la velocidad del sonido y en este caso el *Número de Mach* llega a ser importante en el *modelo*, aunque no en el *prototipo*, por lo cual los regímenes son diferentes y es imposible la *Semejanza Dinámica*.

De forma inversa a las *Plantas Piloto*, en los *modelos* esto no es un problema tan serio y se transforma a veces incluso en una ventaja, ya que se pueden realizar las experiencias en condiciones mucho más fáciles que en el *prototipo*. Por ejemplo, cuando se modela el flujo gaseoso a baja velocidad, como es el caso de sistemas de ventilación o los hornos, si la velocidad de flujo en el *prototipo* es de orden de 2^{-10} m/s, y la razón de escala se toma igual a 10, entonces en el *modelo* la velocidad necesaria será de 20^{-100} m/s, velocidad para la cual ya puede ser marcado el efecto de la compresibilidad y el *Número de Mach* debe ser añadido al de *Reynolds* para lograr la *Semejanza*.

Ahora bien, esto puede solucionarse favorablemente usando *agua en el modelo*, cuya viscosidad cinemática es casi veinte veces mayor que la del aire y con esas condiciones la velocidad del modelo sería sólo de 1-5 m/s, perfectamente obtenible. Esto *permite también sustituir el trabajo, por ejemplo, con gases calientes y otros fluidos difíciles y costosos de manipular, por el trabajo con fluidos como el agua, el aire frío u otros con condiciones mejores y más económicas de funcionamiento.*

Estas posibilidades han hecho muy popular el uso de Modelos a Gran Escala denominados *mockups* [3], los cuales *simulan el proceso físico real adoptando condiciones mucho más suaves de operación, generalmente a temperatura y presión ambientes y utilizando fluidos más baratos y menos difíciles de manejar*. Estos modelos se construyen en tamaños casi iguales a los de la planta a gran escala, aunque también se construyen en diferentes tamaños para examinar con precisión el efecto de los factores de escala en el fenómeno estudiado y ayudar a la obtención de los datos requeridos para el escalado.

Como ejemplo del uso de los *mockups* para el desarrollo de procesos industriales se tiene el caso de los procesos de *Hidrotratamiento de los cortes de petróleo*, lo que incluye un grupo de procesos como la *hidrodesulfurización, hidrorefinación* e *hidrocraqueo*. Desde el punto de vista tecnológico, todos esos procesos son muy similares y por lo tanto la experiencia ganada en el más antiguo de ellos, la *hidrodesulfurización*, se aplicó al resto. La semejanza más importante todos estos procesos es que comparten el mismo tipo de reactor: catalítico, de cama fija, a través de la cual fluyen el líquido y el gas [3]. En este tipo de reactor, el principal problema a investigar es la relacionada con las deficiencias en la distribución del líquido en la cama empacada. A continuación se muestra el *mockup* desarrollado para investigar ese problema (Figura 17), en el cual el líquido (hidrocarburo) entra al reactor desde la parte superior y se distribuye con una plataforma variable, como una ducha. El líquido baja atravesando el lecho catalítico y sale del fondo. Si la distribución del líquido fuera ideal, desde el fondo cada punto presentará el mismo flujo de líquido.

Con 22 tubos de salida y 22 cilindros de recolección, es posible evaluar la uniformidad de la distribución del líquido. Las fases líquida (hidrocarburo) y gas (nitrógeno) se reciclan mediante bombas. El lecho catalítico consiste en el catalizador utilizado en el proceso industrial. Cuando se obtuviera una distribución del líquido a la salida de la cama correcta, se podía reducir la velocidad del flujo y por lo tanto, disminuir el tamaño del reactor, manteniendo el mismo tiempo de residencia.

En todo los casos los *mockups*, como los demás tipos de *modelos*, se han usado como complemento de los *Equipos de Laboratorio, Banco* o *Piloto* desarrollando con los mismos la investigación de los mecanismos físicos que son más sensibles al tamaño como son los procesos hidrodinámicos. Cuando se trata de las *Plantas Piloto* en las cuales los fluidos a procesar son iguales que los *Prototipos*, no se pueden utilizar estos procedimientos y hay que utilizar otros medios entre los que se destacan el uso de *Elementos* o *Modelos de Elementos*.

Cuando el aparato *Prototipo* tiene una estructura múltiple, es posible entonces establecer la *Semejanza* mediante un *Elemento* de tamaño completo o un modelo a escala de ese *Elemento*, con relativamente poca reducción de escala. Esto se puede hacer, por ejemplo, en el caso de un Mezclador o Reactor Químico del Tipo de Tanque Agitado, donde el rendimiento depende del patrón de flujo global del sistema. Entonces, cuando la *Semejanza Dinámica* resulta impracticable. se necesita algún método mediante el cual el comportamiento del *modelo* pueda ser *extrapolado a condiciones dinámicamente disímiles en el prototipo* [3] [15].

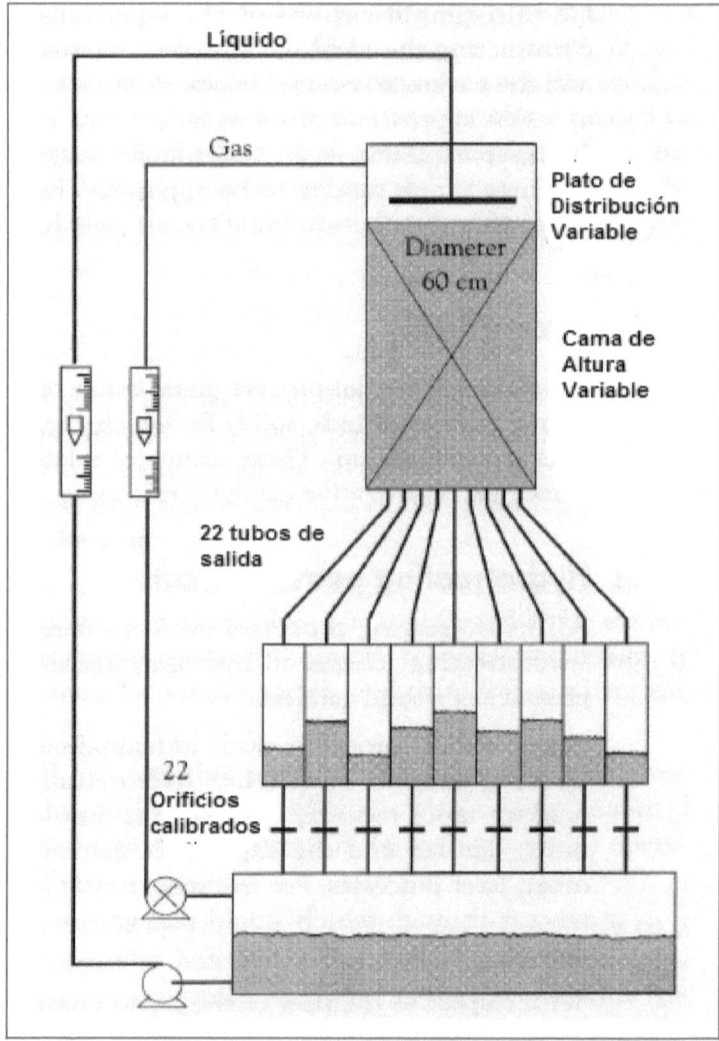

Figura 17. Ejemplo de mockup utilizado para el desarrollo del reactor del proceso de hidro-desulfuración. (Tomado de [3])

Efectos de Frontera

Cada sistema experimental tiene un límite o frontera que lo separa de los alrededores y delimita las variables que están bajo el control del experimentador. Cuando el sistema se escala, la relación de la superficie de frontera al volumen interno, disminuye. Por ejemplo, un *beaker* con un diámetro de 0.07 m y una altura de 0.1 m, tiene una relación <u>Superficie de Ffrontera / Volumen Interno</u> de 57 m /m y <u>un tanque geométricamente semejante con una relación de escala lineal de 10, o sea con 0.7 m de diámetro y 1 m de largo, tiene una relación de sólo 5,7m / m o sea 10 veces menos</u>, lo que indica que la relación *superficie frontera/volumen interior* en recipientes semejantes geométricamente, varia inversamente proporcional a la dimensión lineal.[15]. Esto se deduce del hecho de que el área crece proporcional a L^2 y el volumen a L^3, por lo cual la *relación superficie/volumen* resulta:

$$\frac{L^2}{L^3} = L^{-1}$$

En el caso mencionado, para llevar la relación *superficie/volumen* en el *prototipo* al valor del *modelo*, sería necesario instalar una superficie adicional equivalente, para lo que se necesitaría, por ejemplo, un serpentín interior de 220 m de tubería de 25 mm de diámetro interior.

Las superficies o interfaces que influyen en el rendimiento de una Planta de Procesos pueden ser de *Frontera* o *Interiores*. La *Superficie* de *Frontera* es normalmente la pared del recipiente contenedor, mientras que las *Superficies Interiores* pueden estar compuestas de tubos, *anillos Raschig*, gránulos, etc., de acuerdo con el tipo de planta, y pueden comprender también, cuando hay sistemas de varias fases fluidos, una o más interfaces de fluidos.

Un recipiente plano no tiene superficie sólida interna, aunque puede tener una interface fluida. El área de la interface fluida depende principalmente de la dinámica del sistema, por ejemplo del tamaño de las gotas de la fase líquida dispersa en la otra, lo que a su vez depende del grado de agitación a que esté sometido el sistema, mientras que las áreas de superficie sólida son función solamente de la geometría. Los sistemas experimentales en *Ingeniería Química y Bioquímica* se contienen normalmente en recipientes, conductos o cámaras y están limitados por superficies sólida . En este contexto se reserva <u>la palabra *superficie* para las superficies sólidas y las superficies líquidas se denominan *interfaces*</u>.

En un *aparato a escala pequeña* que constituye un *Elemento Geométrico*, la relación *superficie interior/volumen* es la misma que en el *prototipo*, pero si el *modelo* es un *Elemento Modelo* o un *Modelo Geométrico Normal*, la relación es mayor en el *modelo* que en el *prototipo*, aunque esa diferencia es tomada en cuenta en las *Relaciones de Semejanza* y no constituye un problema [15].

La situación es distinta, sin embargo, con la relación superficie exterior (*límite o frontera*) y *volumen*, la cual es mayor tanto en el *modelo*, como en el *Elemento o Elemento Modelo*, con relación al *prototipo* y por ello las condiciones fuera de la frontera no necesariamente cumplen con los *Criterios Internos de Semejanza*.

Este alejamiento de la Semejanza que puede haber en la *Superficie* de *Frontera* es el llamado *Efecto de Frontera o Efecto de Pared* y los mismos pueden, a menos que sean controlados, hacer casi imposible la predicción del rendimiento a gran escala a partir de los *experimentos con modelos*. Un ejemplo puede ser un *elemento de torre empacada* en el cual el diámetro de la torre es solo dos o tres veces el diámetro del anillo de empaque. En esos casos la tendencia del líquido a fluir por la pared, al igual que el gas, es mucho mayor que en una torre grande y por ello un *modelo* de ese tipo daría muy poca información útil con relación a la torre a gran escala, debido al *Efecto de Pared* predominante en el *modelo*.

Los *Efectos de Pared, Límite* o *Frontera*, no pueden ser eliminados por incremento de la extensión del sistema bajo control. En el caso, por ejemplo, de un *recipiente de reacción modelo* que pierde calor a los alrededores por convección natural, si se intenta hacer segura la *Semejanza Externa*, encerrando el recipiente en una cámara donde se le suministre aire a la temperatura requerida, sólo se logra hacer que el aire que está circulando en esa cámara forme parte del sistema en estudio y que el *Efecto de Frontera* se transfiera hacia las paredes de la cámara en lugar de las del recipiente. Sin embargo, aunque los *Efectos de Frontera* no pueden ser eliminados teóricamente, se pueden neutralizar o compensar por procedimientos experimentales adecuados, en dependencia del tipo de efectos que la frontera esté ejerciendo sobre el sistema.

En general, la pared de un recipiente puede tener cuatro diferentes tipos de efectos sobre una reacción física o química que esté ocurriendo dentro del recipiente

1. Puede influenciar el patrón de flujo y las resistencias a la fricción
2. Puede transferir calor hacia afuera o hacia adentro del sistema
3. Puede absorber o transmitir materia de la corriente del fluido
4. Puede catalizar positiva o negativamente una reacción química en la fase fluida [15].

Efectos sobre el patrón de flujos

Un *modelo semejante geométricamente*, bajo un *Régimen Dinámico Controlado por la Viscosidad*, no sufre *Efecto de Pared* relacionados con la fricción. La diferencia que existe en las relaciones superficie interior y superficie exterior versus volumen, se compensa con el incremento de la velocidad en el *modelo*. De esa forma, a iguales *Números de Reynolds*, el patrón de flujo del fluido en el *prototipo* y en el *modelo* son *semejantes*.

En el caso de un elemento, los *Efectos de Pared* comienzan a ser pronunciados cuando la sección se reduce mucho, de manera tal que la superficie de frontera llega a ser del mismo orden del magnitud que la superficie interior y esto fija el límite práctico de la relación de sección B (Figura 13) que puede ser empleada. Por ejemplo se ha encontrado que los efectos de pared en una torre empacada llegan a ser serios cuando el diámetro de la torre es menor que aproximadamente 10 veces el diámetro del empaque. En una construcción multitubular, un *elemento* con muy pocos tubos, tendrá un radio hidráulico medio fuera del de los tubos, lo que se diferenciará apreciablemente del radio hidráulico medio del *prototipo* y eso provocará diferentes condiciones de película.

No hay un método simple mediante el cual se pueden compensar los efectos en el patrón de flujos y el coeficiente de arrastre por fricción provocados por la mayor relación superficie volumen de un *elemento*. En el caso de las torres empacadas, cuando el líquido desciende y el gas o vapor asciende, puede ser ventajoso cubrir las paredes interiores del *elemento* con alguna sustancia que no sea mojada por el líquido y esto reduce el efecto de pared, pero en general la mejor solución es limitar la relación de sección de un *elemento* a valores a los cuales la relación superficie frontera/superficie interior no sobrepase el 10%.

Para evaluar la resistencia a la fricción es preferible un *modelo a escala* que un *elemento* o un *elemento modelo*, siempre y cuando la velocidad correspondiente para la semejanza no sea excesiva, puesto que para un *modelo*, a igualdad de *Números de Reynolds*, no hay efecto de pared [15].

Ganancia o pérdida de calor

De los tres principales procesos de transferencia (calor, masa y momento), la transferencia de calor es la única que puede traspasar las paredes de un recipiente, por lo cual en las operaciones y reacciones que tienen lugar a temperaturas por encima o por debajo de la ambiente, el flujo de calor a través de la superficie externa de los aparatos es normalmente el principal *Efecto de Pared* contra el que hay que protegerse en el *Escalado* .

En los trabajos iniciales de *Semejanza Térmica*, Damköhler supuso que la pérdida de calor superficial de un recipiente es proporcional al coeficiente de película interno, pero realmente se ha demostrado que eso no ocurre así casi en la totalidad de los casos. Siempre hay un coeficiente de película externo que está fuera del sistema y que no es influenciado por las condiciones del flujo interno [15].

Los coeficientes de películas externos debido a la convección natural, tienden a ser de menor orden que los coeficiente de película internos, cuando en el interior hay convección forzada y flujo turbulento. Además, cuando un recipiente de proceso está a una temperatura muy por encima o por debajo del ambiente, el mismo se aísla normalmente por razones económicas y el resultado neto es que en general la resistencia térmica de la película del fluido es despreciable en comparación con la resistencia combinada de la película de aire externa y el aislamiento, si la hay. Por consiguiente, aunque los coeficientes de película internos varíen con la velocidad del fluido, los coeficientes globales de transferencia de calor del interior del recipiente de proceso hacia el aire de los alrededores, tienden a ser del mismo orden, tanto en el *modelo* como en el *prototipo*, siempre y cuando se aplique la misma resistencia por unidad de área a ambos mediante, por ejemplo, el uso de igual espesor del material aislante.

Una segunda consideración es que las pérdidas de calor superficiales de una vasija de proceso experimental puede ser ajustada en la práctica independientemente de las condiciones de flujo y temperatura interiores, producto del efecto predominante de los coeficientes de transferencia de calor externos en ese proceso. Esto se puede lograr, ya sea rodeando el recipiente con una camisa o doble pared a través de la cual pueda circular un medio adecuado para el enfriamiento o calentamiento o bien mediante el suministro de calor producido por la electricidad a través de resistencias eléctricas, con lo que se puede controlar la razón de cambio de la pérdida de calor al exterior a cualquier valor deseado, llegando incluso hasta cero.

La utilización de la camisa o de la resistencia de calentamiento para un recipiente caliente de pequeña escala, se suele denominar una operación adiabática, aunque su verdadera función no es mantener una verdadera condición adiabática, sino poder reducir las pérdidas de calor por unidad de capacidad en el *modelo* a los mismos valores que se tendrían en la *gran escala*. No obstante, un *equipo de planta a gran escala* es tan cercano a las condiciones adiabáticas que la *Semejanza* se logra generalmente con una aproximación a las condiciones adiabáticas en el *modelo*.

También hay que considerar que hay tres casos en los cuales un *modelo a escala* puede tener lo que se denomina *Semejanza Térmica Inherente*, o sea que el flujo de calor por unidad de área externa que se requiere es el mismo tanto en el *prototipo* como en el *modelo*, y no se requiere, por tanto utilizar chaquetas ni resistencias de calentamiento, sino solamente tener el mismo espesor de aislamiento que en el *prototipo*. Esos casos son los siguientes:

1. *Régimen térmico*. Modelos de sistemas de transferencia de calor en los cuales los mecanismos controlantes son la radiación y la conducción a través de las paredes del recipiente.

2.- *Régimen químico*. *Modelos* de sistemas de reacciones heterogéneas con interface fija, en los cuales las superficies internas (granos de catalizador, etc.) son geométricamente semejantes y están en la misma *relación de escala que los recipientes de reacción*, de forma tal que la actividad superficial permanece constante.

3.- *Régimen dinámico*. La *Semejanza Térmica Inherente* bajo un *Régimen Dinámico* es imposible tanto para los *modelos* como para los *elementos*, pero puede ser alcanzada por un *modelo* de elemento de proporciones adecuadas.

Para la *Semejanza* bajo condiciones de *régimen dinámico*, la pérdida de calor superficial por unidad de área en el *modelo a escala* se requiere que sea **L** veces más grande que en el *prototipo*, siendo **L** la relación o factor lineal de escala del *prototipo* al *modelo*. Cuando se opera a temperaturas por encima de la atmosférica, ese tipo de modelo necesitará ser enfriado externamente, por ejemplo, por una chaqueta de enfriamiento por agua.

Por otra parte, en el caso de un *elemento semejante dinámicamente*, se requiere que pierda menos calor por unidad de área externa que el *prototipo*. Para recipientes de forma elongada, en los cuales la pérdida de calor a través de los extremos es despreciable, la pérdida de calor por unidad de área del *elemento* será

$$1/A^{1/2}$$

veces la del *prototipo*, siendo **A** la relación de sección, o sea la relación de la sección transversal del *prototipo* a la del *elemento*.

$$L = UA^{1/2}$$

Evidentemente debe haber un conjunto particular de *modelos de elementos* en los cuales los requerimientos conflictivos se cancelen y posean por lo tanto *Semejanza Térmica Inherente*. Para recipientes alargados este es el caso cuando :

donde U es la relación de los coeficientes de calor globales de las *Superficies Fronteras* para el *prototipo* y el *modelo de elemento*. Generalmente **U** se puede

$$A = L^2$$

tomar como la unidad y la relación queda como:

Esa misma relación se mantiene para procesos operando a temperaturas por debajo de la atmosférica en los cuales el *Efecto de Pared* considerado es la transferencia de calor hacia el interior del recipiente. La relación requerida en el *elemento modelo* es posible sólo cuando el aparato tiene una estructura múltiple o de red con una relación alta de superficie interior a *Superficie Frontera*. Por ese motivo, en el caso de recipientes planos, no se puede lograr la *Semejanza Térmica Inherente* bajo un *Régimen Dinámico Puro*.

En todos los casos analizados de *Semejanza Térmica Inherente*, se considera que los sistemas reaccionantes, para los propósitos de *Semejanza*, están limitados por las superficies internas de los recipientes contenedoras. El espesor de la pared del recipiente no está sujeta a las requerimientos de semejanza geométrica y debe ofrecer, en unión con cualquier aislamiento externo, la misma resistencia térmica por unidad de área, tanto en el *modelo* como en el *prototipo*. En el caso de un recipiente metálico sin aislamiento, la principal resistencia térmica radica en la película de aire del exterior del recipiente y por ello *el efecto del espesor de la pared puede en general despreciarse.*[15]

En sistemas para los cuales la *Semejanza Inherente* no es posible, las condiciones térmicas en las fronteras deben ser controladas artificialmente, siendo el mejor método de control para las pérdidas de calor superficial desde recipientes calientes, el empleo medios de calentamiento eléctrico internos regulables, o sea un Calorímetro, o con un *Sistema de Regulación para la determinación de la Pérdida de Calor a Través de las Paredes de un Recipiente,* que posibilite el cálculo exacto y su control.

El desarrollo de equipos confiables para esta tarea llevó bastante tiempo. Los trabajos calorimétricos dentro de la empresa **Ciba** comenzaron alrededor de 1965 y más intensamente como consecuencia de una fuga en sus plantas químicas en 1969. Los trabajos se centraron simultáneamente en el *Balance de Calor* y en los *Sistemas de Transferencia de calor*. Después de varios ensayos para determinar qué tipo de control de temperatura era apropiado y después de abandonar el método de *Balance de Calor*, *Regenass* y colaboradores pudieron desarrollar un *Calorímetro de Escala de Banco*, cuyo primer tipo comercialmente disponible fue el *Ciba-Geigy* **BSC-81** en 1981, que se convirtió posteriormente en el famoso **RC1**® [37] después de que *Mettler Toledo* adquiriera una licencia en este calorímetro [38] [39] (Figura 18).

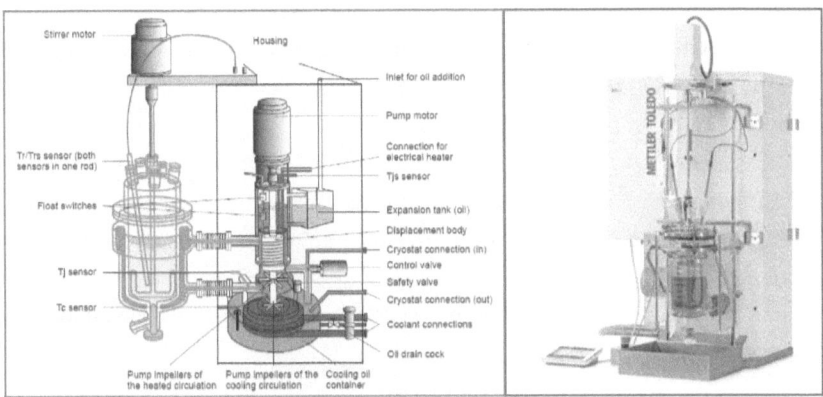

*Figura 18. Esquema de funcionamiento de un <u>Reactor Calorimétrico de Mettler Toledo</u> (izquierda); Modelo <u>**RC1mx Reaction Calorimeter**</u>, para control de procesos (derecha). (Tomados de [37] [38).*

Utilización de los Reactores Calorimétricos para el Escalado y para el Control y Optimización de Procesos

Un <u>*Calorímetro de Reacción*</u> es un <u>*calorímetro*</u> *que mide la cantidad de energía que una reacción química libera, si el proceso es exotérmico o absorbe, si el proceso es endotérmico.* (Figura 18). En especial cuando se va a considerar el *Escalado de una Reacción a Mayor Escala* a partir de una *Escala de Laboratorio*, es *importante comprender la cantidad de calor que se libera*. A <u>pequeña escala</u>, el calor liberado puede no ser motivo de preocupación, sin embargo, <u>al *escalar*, ese calor puede acumularse y ser extremadamente peligroso</u> [40].

Como ejemplo de *Escalado*, la cristalización de un producto de reacción a partir de una solución es una técnica de purificación altamente rentable. Por lo tanto, *es valioso poder medir qué tan efectivamente se está produciendo la cristalización para poder optimizarla* y, *en ese caso, el calor absorbido por el proceso puede ser una medida útil*.

La energía que se libera mediante cualquier proceso en forma de calor es directamente proporcional a la velocidad de reacción y, por lo tanto, la *Calorimetría de Reacción* (como una técnica de medición en función del tiempo) se puede utilizar para estudiar la cinética. El uso de la *Calorimetría de Reacción* en el desarrollo de los procesos ha sido históricamente limitado debido a los costos de estos dispositivos, aunque la técnica en sí es una manera rápida y fácil de comprender completamente las reacciones que se realizan como parte de un proceso químico [40]. Sin embargo, en la actualidad están disponibles en el mercado *Calorímetros de Reacción* confiables y a precios asequibles, como los que oferta *Mettler Toledo*, aunque los hay también de otras firmas [38].

En estos *Calorímetros* se pueden realizar las mediciones que proporcionan una imagen más precisa de las reacciones, que forman parte de un proceso químico o bioquímico y se utilizan tanto para las distintas *Etapas del Proceso de Escalado*, como para el *Control de la Operación de los Procesos*, ya sea para evitar situaciones peligrosas como para optimizar "*on line*", el trabajo de las plantas (Figura 19) [39].

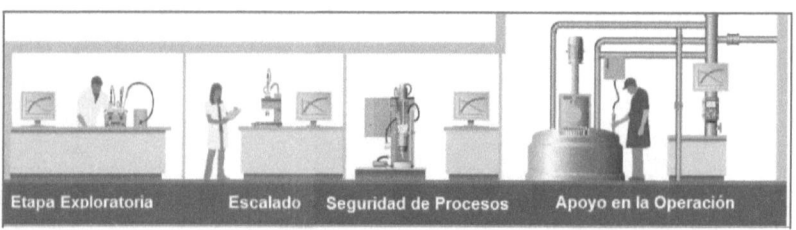

Figura 19. Utilización de Reactores Calorimétricos en distintas etapas del proceso. (Tomado de [32])

Para las *Etapas Exploratoria y de Escalado* se utiliza el Modelo **EasyMax 102 HFCal** (que viene en tamaño de 200 mL, y también menor) y el **OptiMax HFCal**, mientras que para la Escala Industrial, tanto para la seguridad como para el apoyo a la producción, se utiliza el Modelo **RC1mx Reaction Calorimeter** de 1 o 2 L. Para ilustrar la ventaja de un sistema de *Reactor de Laboratorio Automatizado* sobre una configuración de *Matraz de Fondo Redondo Tradicional*, se llevaron a cabo dos experimentos idénticos de polimerización de estireno en emulsión. Uno se ejecutó en un *Matraz de Fondo Redondo* de 400 ml (**RBF**, por sus siglas en inglés) calentado por un baño de aceite (Figura 20, izquierda), mientras que el otro se realizó en un

EasyMax 402 (Figura 20, derecha).[41] [42]

Todas las condiciones (cantidad de reactivo, disolvente, iniciador, temperatura, velocidad de agitación, etc.) se mantuvieron idénticas para

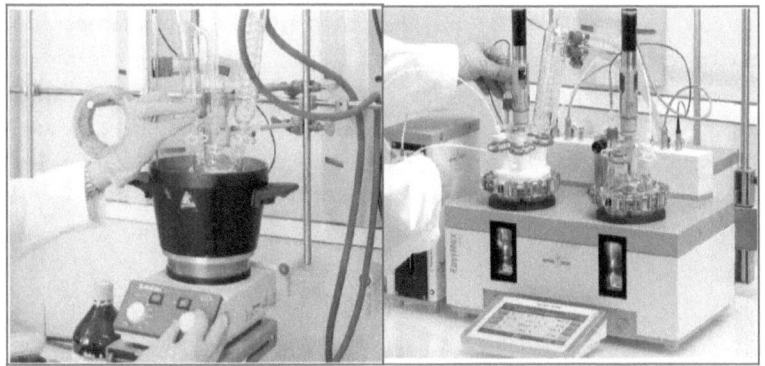

*Figura 20. Matraz de 400 mL calentado en baño de aceite (izquierda); Calorímetro **EasyMax** 402 (derecha)(Tomado de [39]).*

ambos experimentos. El reactor **RBF** y *EasyMax* se cargaron con agua, emulsionante e iniciador, y se calentaron hasta la temperatura objetivo de 75 ° C. A la temperatura objetivo, la reacción se desencadenó mediante la adición de todo el estireno de una vez, sin añadir más material durante el resto del experimento. En ambos sistemas, la temperatura de reacción (**Tr**) se registró y se trazó en un gráfico de tendencia (Figura 21) [41] [42].

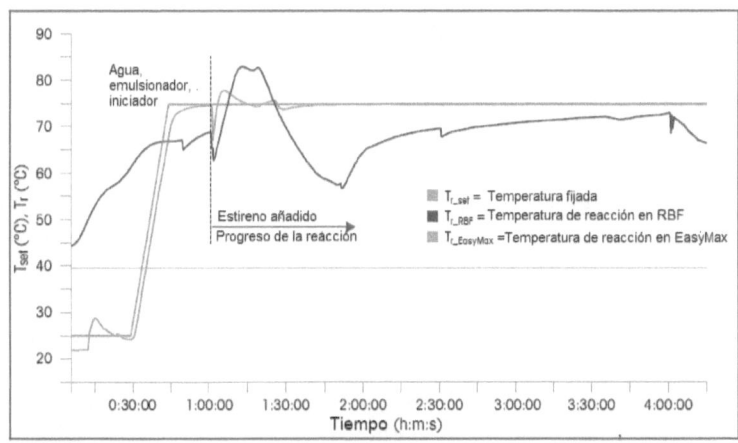

*Figura 21. Perfil de temperatura durante los experimentos paralelos con el RBF y el **EasyMax** (Tomado de [41] y [42]).*

Comparando los dos experimentos idénticos se aprecia que en un **EasyMax** se puede detectar una pequeña deflexión inicial de la temperatura (*Tr*_**EasyMax**) , de aproximadamente 9 K, inmediatamente después de la adición del estireno frío, pero el sistema de control de temperatura lo corrige rápidamente. El ligero sobre impulso que sigue un poco más tarde se debe al calor de la reacción. Sin embargo, la temperatura de la masa de reacción (**Tr_EasyMax**) siempre se mantiene dentro de tolerancias estrictas durante toda la reacción (Fig. 521). Es obvio además, que la temperatura en el sistema *EasyMax* sigue el valor fijado con precisión, mientras que al **RBF** se le hace difícil controlar y muestra una variación errática de alrededor de 27 K entre su mínimo y máximo. Sin duda, el **EasyMax** semiautomático proporcionará los mejores resultados, lo que lleva a respuestas mucho más precisas en los estudios de *Diseño de Experimentos (DoE)* [41].

Catálisis Superficial

Lo más importante sobre los efectos catalíticos superficiales es que deben ser detectados en la *escala pequeña* y considerados en el diseño de la planta a *escala completa*. Muchas reacciones químicas aparentemente homogéneas son en alguna medida catalizadas por las paredes de los recipientes de reacción y por ello darán diferentes rendimientos en el recipiente grande, bajo similares condiciones de temperatura y tiempo, debido a la menor relación superficie / volumen. Los efectos de la superficie adicional en el recipiente de medición, usualmente sólo se investigan en el laboratorio. Cuando se descubra un *Efecto Catalítico Superficial* apreciable, se debe pensar en utilizar alguna forma de recipiente de reacción empacado, que permite una mayor superficie interior que la que normalmente se utilizaría en un recipiente normal, de forma tal que se puede escalar de acuerdo con los principios señalados anteriormente en este capítulo.

Las dificultades se presentan cuando se tiene recipientes simples, a los cuales resulta geométricamente imposible proveer una relación superficie / volumen tan baja en el *laboratorio* como en la *escala grande*, y esto puede hacer necesario cubrir la superficie interior del *recipiente de laboratorio* con alguna sustancia inactiva, para suprimir los efectos de *Catálisis Superficial*. Por ejemplo, la reacción entre el etileno y el bromo se cataliza por la superficie de cristal, pero cesa prácticamente cuando el cristal se cubre con cera parafina.

El conocido efecto de las dimensiones del recipiente en el tamaño de las partículas producidas por las reacciones de precipitación es posiblemente semejante a los efectos de *Catálisis Superficial*. Para igualdad de otras condiciones, los recipientes de reacción más grandes tienden a dar precipitados más fácilmente filtrables, por lo que constituye uno de los pocos *Efectos de Frontera* que son favorables en el proceso de *Escalado*[15].

CAPÍTULO 3. ESCALADO DE TANQUES CON AGITACIÓN MECÁNICA

Como ejemplo de aplicación de las *Técnicas de Escalado* que se han conocido en el Capítulo anterior, se ha seleccionado la aplicación del *Escalado* en un tipo de equipos de amplio uso, tanto en la Industria Química como en la Biotecnológica: los *Tanques con Agitación mecánica*. Estos equipos se aplican para mezclar líquidos monofásicos; líquidos inmiscibles; gas y líquido; líquidos y sólidos; gas, líquido y sólidos; sólidos y sólidos y otras muchas aplicaciones industriales más y constituyen, por ejemplo, uno de los tipos de biorreactores más utilizados en la Biotecnología Industrial [43]. Por lo tanto, como las posibilidades de aplicación son muchas, el análisis en este capítulo se limitará a la *mezcla líquida monofásica de fluidos simples*, como los *fluidos parenterales* tan utilizados en la Industria Farmacéutica [33].

Introducción

Como ya se dijo, el *Mezclado de Fluidos* se emplea ampliamente en las industrias química y bioquímica y por ello la selección de los mismos y de los aparatos para ejecutarlos, dependen del objetivo que se quiere lograr y del estado de agregación de los materiales a agitar. El *Mezclado* puede ser la operación principal de una unidad en un proceso dado y está involucrado en la fabricación de prácticamente todos los productos farmacéuticos líquidos y semisólidos. Se estima que los problemas relacionados con el *Escalado de las Mezclas en los Procesos Farmacéuticos* y el *Desarrollo de Procesos*, le cuestan a la industria farmacéutica más de $ 500 millones por año [44] [45].

Dada la centralidad del *Mezclado* para el procesamiento de líquidos farmacéuticos y semisólidos, por ejemplo, la naturaleza y el diseño de los esos equipos son los de mayor importancia para la operación de fabricación y para asegurar que se mantenga la calidad del producto de un lote a otro. Los *Regímenes de Flujo* (condiciones hidráulicas) en un sistema sometido a mezclado, pueden variar de *laminar* a *turbulento* en varias regiones del sistema al mismo tiempo. Además, puede estar presente un *Régimen Transicional de Flujo*, en el cual el flujo o será ni *Laminar* ni *Turbulento*, sino algo intermedio [44]. El régimen de flujo en la vecindad del impelente es a menudo turbulento, mientras que el régimen de flujo en otras partes del sistema puede ser laminar o de transición. Esto tiene mucha importancia, puesto que el *método de* cálculo de la potencia necesaria para el mezclado está dado por correlaciones para el régimen turbulento.

La complejidad de los procesos de mezclado se puede apreciar en casos como el de la *hidrogenación catalítica de un líquido*, en cuyo proceso el gas hidrógeno se dispersa a través del líquido, en el cual se mantienen en suspensión las partículas sólidas del catalizador y se elimina al mismo tiempo el calor producido por la reacción, por medio de un serpentín o camisa de refrigeración. Esto demuestra que resulta imprescindible determinar en cada caso el *régimen* que predomina en el equipo y el *Escalado* se debe realizar considerando ese régimen *predominante*.

Criterios de Semejanza y Ecuaciones de Escalado

En el caso de los tanques con agitación mecánica, se aplica la *Ecuación Generalizada de la Hidrodinámica* [31], para el movimiento estacionario forzoso del líquido y mediante el *Análisis Dimensional*, se obtiene:

$$E_u \propto (R_e, F_r, S_1, S_2 \ldots \ldots)$$

donde E_u es el *Número de Euler*, R_e, el de *Reynolds*, F_r, el *Número de Froude* y S_1 y S_2 son los factores de forma que caracterizan el tanque en cuestión, los que se cancelan cuando los tanques que se comparan son *geométricamente semejantes*. Además, en los casos en que se agitan juntos dos líquidos inmiscibles, un líquido se dispersa como gotas en el seno del otro y la tensión superficial en la interface entre los dos líquidos juega un papel relevante en el consumo de potencia, y en ese caso habría que incluir el *Número de Weber (We)* debe incluirse en el criterio. No obstante, como se definió inicialmente que se consideraría solamente el caso de líquidos miscibles, no será necesario incluir ese número.

Con relación a los Números Adimensionales considerados, el *Número de*

Froude (Fr), es una medida de la relación entre los esfuerzos de inercia y los de gravedad e interviene en la dinámica de los fluidos siempre que exista un movimiento de ondas importante sobre la superficie de los mismos y por eso es especialmente importante en el diseño del casco de los buques. En un tanque agitado, operando en flujo laminar o en el turbulento pero con tabiques deflectores suficientes o con una posición excéntrica del eje del agitador, no se forman vórtices en la superficie del fluido y se puede despreciar entonces la influencia de la gravedad, por lo cual se elimina el Número de Froude del *Criterio de Semejanza*. [46]

Por otra parte, teniendo en cuenta la importancia que tiene el consumo de potencia en los tanques con agitación mecánica, en la definición del *Número de Euler (Eu)* se sustituye la diferencia de la presión por la potencia, y de esa forma se transforma en el *Número de Potencia (Np)*, quedando la expresión del Criterio de Semejanza $N_p \propto R_e$ como. . Sin embargo, sólo en contadas ocasiones se realiza el *Escalado* aplicando esta *Ecuación de Criterio*, ya que eso implica considerar un *Régimen Dinámico* puro y significa mantener constante el R_e lo que conduce generalmente a condiciones no económicas, como se verá más adelante.

Se ha podido comprobar en la práctica que existen ocasiones donde, además de las relaciones entre la potencia consumida por el agitador (Np) y las condiciones del fluido (R_e), son importantes aspectos relacionados con la *rapidez y calidad del mezclado* y en ese caso aparecen otras variables no consideradas en las *ecuaciones de criterios* antes mencionadas y que hay que incluir . Como ejemplo, se tiene la influencia del tipo de impelente que se esté utilizando, lo que se demuestra con la siguiente relación experimental (Figura 22) [45].

En el caso que se analiza, no hay transferencia de calor, ni se introduce gas para obtener un mejor mezclado, por lo cual las variables a considerar son menos que en el caso más general, de un mezclador con chaqueta para el control de la temperatura y dispersión de gas (aire). Entre las variables está, como se aprecia en la Figura 22, la selección del tipo de impelente a utilizar. El tipo de impelente determina a su vez, diferentes *patrones de flujo* . A continuación se muestran cuatro de los tipos de impelentes más utilizados y los patrones de flujo que les corresponden a algunos de ellos (Figuras 23 y 24) [45] [47].

Los *Números de Potencia* (**N**$_p$), los *Números de Bombeo* (*N*$_Q$), los niveles de cizallamiento y los patrones de flujo, caracterizan los distintos impelentes descritos anteriormente. Toda la potencia aplicada al sistema de mezcla produce la capacidad de circulación, **Q** y la altura de velocidad, **H**, lo que está dado por:

$$Q \propto N D^3$$

$$H \propto N^2 D^2$$

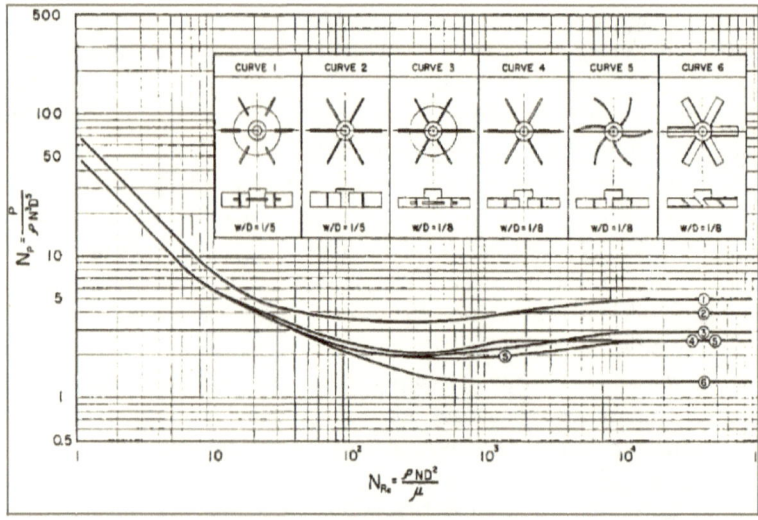

Figura 22. Variación del consumo específico de potencia en función del Número de Reynolds y del impelente utilizado (Tomado de [45]).

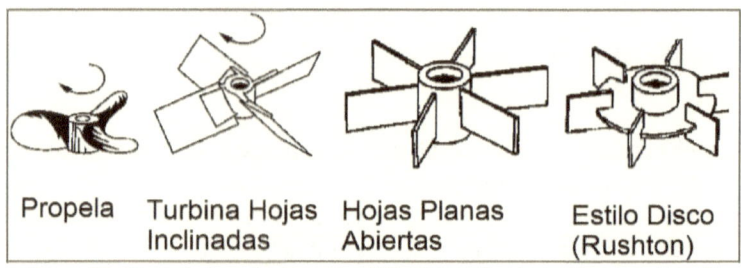

Figura 23. Tipos de impelentes más utilizados en los tanques con agitación mecánica(Tomado de [40]).

Q representa la circulación interna y **H** proporciona la cizalladura en la mezcla. En cierto sentido, la altura de velocidad, **H**, proporciona la energía cinética que genera cizalladura a través del chorro o el movimiento pulsante del fluido. Ambas expresiones no han incluido los efectos del número de impelente ni el ancho de los mismos. La altura(**H**) produce cizalladura y se disipa por la turbulencia. La ecuación anterior puede reescribirse como;

$$Q = N_Q \, N \, D^3$$

Donde *Nq* es el *Número de Bombeo*, que depende dl tipo de impelente, la relación D / T y el *Número de Reynolds* del impelentes, que se define por:

$$R_e = \frac{CND^2}{\mu}$$

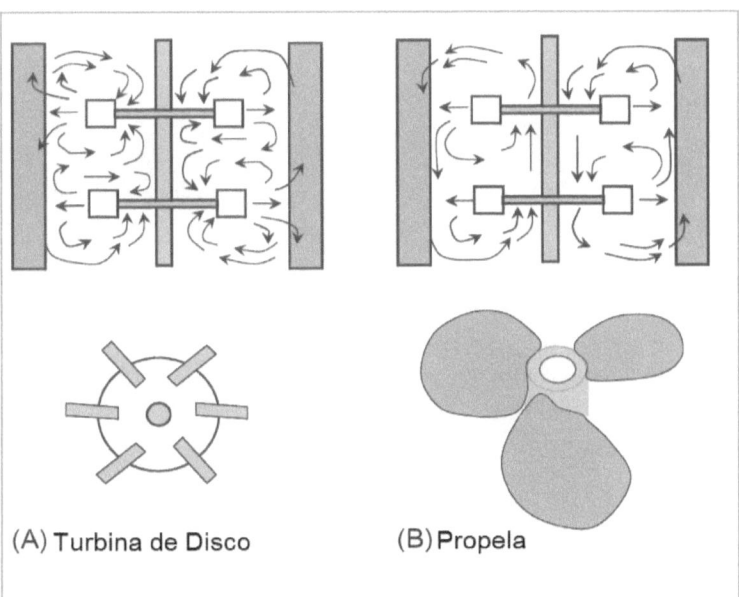

Figura 24. Patrón de flujo de flujo radial de una turbina de disco (izquierda); Patrón de flujo axial de un mezclador de propela (derecha) (tomada de [41])

El *bombeo* es la cantidad de material descargado por el impelente giratorio. Los valores de NQ bajo condiciones turbulentas se conocen para los impelentes más usados y más abajo (Tabla 4) se presenta una muestra de esos valores. Como se puede apreciar, los valores de número de bombeo para los impulsores más comúnmente usados varían en el rango de 0.4 a 0.8. Como resultado, todos los impulsores estándar bombean a aproximadamente la misma velocidad para un diámetro y velocidad del mezclador dados [45].

El otro parámetro importante es el *Número de Potencia* (N_p) La potencia consumida por un mezclados se puede obtener multiplicando el bombeo Q y la altura H y viene dada por:

$$P = \frac{N_p \rho N^3 D^5}{g_c}$$

donde *Np* es el *Número de Potencia* y depende del tipo de impelente y el *Número de Reynolds* del impelente. Usando otro punto de vista, la potencia, generada por una sección individual de un impelente, es igual al arrastre, F, multiplicado por la velocidad del impelente, V, para esa sección, lo que significa que $P=FV$. Esto se suma a todo el impelente para obtener la <u>Potencia total</u>. La forma y el arrastre de la película en el régimen turbulento están representados por:

$$F = 0.5\, C_d\, \rho\, V^2 A_p$$

Tabla 4. Números de bombeo N_Q para varios tipos de impelentes en régimen turbulento (Tomado de [40]).

Tipo de impelente	N_Q
Propela	0.4–0.6
Turbina de hojas inclinadas	0.79
Impelentes tipo Hydrofoil	0.55–0.73
Hoja curva de retiro	0.3
Turbina de hoja plana	0.7
Turbina de disco plano (Rushton)	0.72
Turbina de hoja hueca (Smith)	0.76

donde *Cd* es el *coeficiente de arrastre*, ρ la densidad del fluido alrededor del impelente y *Ap* el área proyectada de la pala del impelente. Sustituyendo en las ecuaciones anteriores queda:

$$P = 0.5\, C_d\, \rho\, V^3 A_p$$

Como todas las velocidades en un tanque de mezcla son proporcionales a la velocidad de la punta (=πND) y el área proyectada del impelente es proporcional a D^2, la potencia puede ser representada por:

$$P \propto C_d\, \rho N^3 Ap$$

Del análisis de las ecuaciones, se puede apreciar que el **Número de Potencia (Np)** puede ser considerado como un coeficiente de arrastre. En la Figura 22 se muestra como varía ese coeficiente en función del **Re**, para los distintos tipos de impelentes.

La ecuación para el cálculo de la Potencia, permite analizar el efecto de la variación del diámetro del impelente y la velocidad de rotación, para un consumo de potencia constante, lo que resulta muy útil para el Escalado, como se verá posteriormente. De esa expresión se llega también a la relación entre el flujo que mueve el agitador y la carga, a potencia constante, o sea:

$$\left(\frac{Q}{H}\right)_P = \left(\frac{D}{T}\right)^{8/3}$$

Otros elementos importantes en el funcionamiento de un agitador, son el *tiempo de mezclado* y el de *tiempo de circulación*. Hay ocasiones en que los mismos tienen una importancia considerable y por ello se ha estudiado por diversos autores lo que ocurre con esos tiempos durante el Escalado y se ha demostrado que la *Capacidad de bombeo por unidad de volumen (Q/V)* es una buena indicación del *tiempo de circulación* de una partícula en un tanque pequeño (hasta 200 litros aproximadamente) y que es mayor que Q/V en un tanque grande (hasta unos 4 m^3). A su vez, el *tiempo de mezclado* es en general proporcional al *tiempo de circulación*, aunque esta relación no está totalmente clara, ya que hay ocasiones en que el fluido recorre trayectorias en un tanque sin que se produzca apenas mezcla con el resto del fluido en el recipiente.

No obstante, normalmente se acepta la *relación entre el tiempo de circulación, el tiempo de mezclado y la capacidad de bombeo por unidad de volumen* (Q/V)) y por ello se toma como indicador de la igualdad de tiempos de circulación y de mezclado, la igualdad de la relación *(Q/V)*.

Además de lo ya analizado se debe considerar que, siempre que haya movimiento relativo de capas de líquido, existen *fuerzas de corte* relacionadas con las velocidades de flujo. Estas fuerzas, representadas por el esfuerzo cortante, llevan a cabo el proceso de mezclado y son responsables de producir el entremezclado de fluidos, dispersar las burbujas de gas y estirar / romper las gotas de líquido. El **esfuerzo cortante** es una función compleja de la **velocidad de corte** definida por los gradientes de velocidad, la caída de presión de la paleta impulsora, el nivel de turbulencia y la viscosidad. Estos gradientes de velocidad representan diferencias de velocidad entre porciones adyacentes de materiales, que por lo tanto se cizallan y se dispersan. Al medir las velocidades promediadas en el tiempo cerca de la cuchilla del impulsor (Figura 25) [45], se puede obtener el gradiente de velocidad del macro flujo y la **velocidad de cizallamiento** tomando la pendiente

La *velocidad de corte*, con el recíproco del tiempo como unidad, se puede ver como una *constante de tiempo*. Si un proceso tiene una tasa de corte de 1000 s^{-1}, los eventos en el flujo ocurren en el orden de 1 ms. Tales velocidades altas de cizallamiento se generan en las inmediaciones del impulsor. Sin embargo, el volumen de esta región es relativamente pequeño y, por lo tanto, una cantidad muy pequeña del material experimenta estas velocidades de corte. Las condiciones en los vórtices son similares, con alta velocidad de corte pero en un volumen pequeño. El proceso de mezcla general se define por la combinación de velocidad de corte y el volumen. La información detallada sobre la distribución de velocidades de corte y volúmenes respectivos es difícil de obtener experimentalmente. Para obtener esa información se deben aplicar técnicas de modelación y simulación complejas como la *Dinámica de Fluidos Computacional (CFD)*.

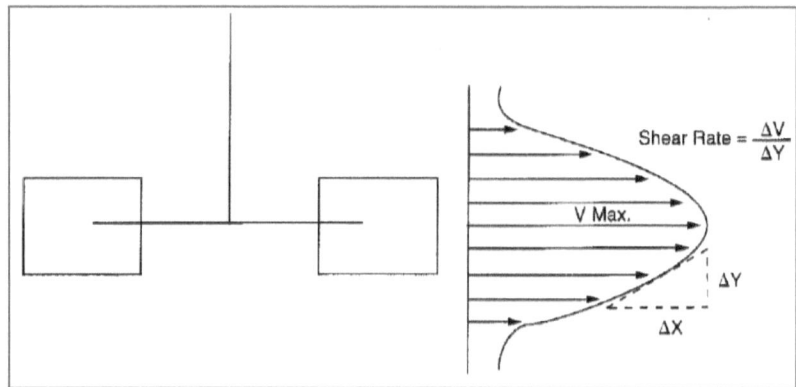

Figura 25. Perfil de velocidad vertical cerca de la hoja del impelente. (Tomado de [45]).

Como *la razón de cizalladura* varía considerablemente de un punto a otro en todo el tanque agitado, es conveniente diferenciar al menos cuatro valores de esa razón: la máxima y la promedio en la zona del impelente, la promedio de todo el tanque agitado y la mínima en la zona cizalladura promedio, lo que varía en función de la más remota y de menor velocidad en el patrón de flujos del tanque. Se ha podido comprobar que la carga (H), se relaciona con la razón de cizalladura, siendo proporcional a la raíz cuadrada de dicha razón. Las relaciones mostradas más arriba, muestran que un impelente grande, operando a baja velocidad, produce un flujo alto, una baja carga y una baja razón de cizalladura. En el otro extremo, un impelente pequeño, moviéndose a alta velocidad, desarrolla una alta razón de cizalladura y una baja capacidad de bombeo.

Variantes de Escalado para tanques con agitación mecánica

El *Escalado* implica consideraciones de dimensiones, velocidades y fuerzas. Si el parámetro final de interés es una de esas tres variables, sólo se necesita el uso de las relaciones adimensionales que las contemplen. Por ejemplo, si el interés es con la **Potencia**, ésta se relaciona fundamentalmente con el **Número de Reynolds** y en la zona turbulenta con la velocidad de rotación y el diámetro del impelente. Si el proceso de agitación o mezclado depende poe ejemplo, del esfuerzo de cizalladura en el fluido, hay que utilizar otras relaciones como la de la razón de cizalladura con la velocidad periférica del impelente, números adimensionales como el de *Flujo (Nq)* y propiedades del fluido como la viscosidad. La relación que hay que mantener de un número adimensional o criterio durante el *Escalado*, no tiene que ser necesariamente constante. Es mejor hablar d la propiedad que debe ser controlada durante el escalado y preguntarse: ¿*Cuál debe ser la relación entre el tamaño del tanque y el parámetro a controlar para obtener un resultado esperado del proceso en estudio?*

Si la relación que se obtiene es mantener el parámetro constante, mucho mejor, porque con ello se simplifica el procedimiento de *Escalado*, pero no siempre tiene que ocurrir precisamente así y en ocasiones la variación del parámetro durante el Escalado puede ser mucho más compleja. Las principales relaciones que se deben controlar durante el Escalado de un tanque agitado mecánicamente, si se considera la semejanza geométrica plena son [45]:

- Número de Reynolds (***Re***)
- Potencia por unidad de volumen(***P/V***)
- Capacidad de bombeo por unidad de volumen (***Q/V***)
- Velocidad periférica (***ND***

En caso de apartarse de la semejanza geométrica, hay que considerar también:

- Relación diámetro de impelente/diámetro de tanque (***D/T***)
- Relación ancho de impelente/altura de impelente (***Dw/D***).

Más abajo se muestra el diseño estándar de un Mezclador, con el eje del agitador entrando por el tope y con dos impelentes en el eje (Figura 26). Las medidas que se ven en el dibujo, son las que se tendrán en cuenta en el escalado, como D y T. Además, para tener una idea completa de las posibilidades que existen durante el *Escalado de un Tanque Agitado a Escala Piloto* (20 L) para llevarlo a *Escala Industrial* (2,500L)., se verán distintas variantes, manteniendo en cada caso una de las relaciones constantes y se analiza el efecto de esa variación en las otras relaciones. El resultado de esas *Variantes de Escalado* se resumen más abajo (Tabla 5). La tabla está adaptada y traducida del clásico libro de *Oldshu*e: **Fluid Mixing Technology** [48]. En dicha comparación todas las *Variantes de Escalado* consideradas, menos una, mantienen la *Semejanza Geométrica*,. La variante que se aparta de la *Semejanza Geométric*a es para analizar el efecto de aumentar la relación D/T, que juega un gran papel en el Escalado del funcionamiento de los mezcladores

1. *Número de Reynolds (Re) constante*

    En este caso la ecuación a utilizar es: **N = L^{-2}**. Con este criterio se obtiene un consumo de potencia muy bajo en el prototipo y prácticamente casi todos los demás indicadores bajan demasiado , como se aprecia en la columna para igual **Re** de la Tabla 5 *y no constituye por lo tanto una herramienta práctica de Escalado para tanques de mezclado*. Esto se debe a que en la mayoría delos casos, lo más importante no es el patrón de flujo asegurado por la *Semejanza Dinámica Total*, que es lo que significa el hecho de mantener constante el **Re**, sino otras consideraciones prácticas.

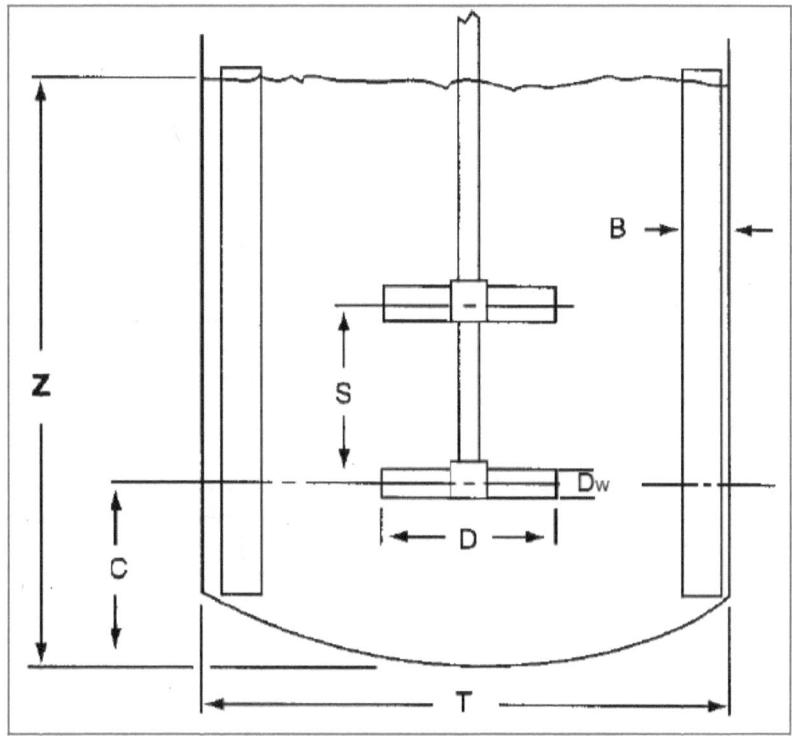

Figura 26. Figura estándar de mezclador, con agitador por el tope y dos impelentes en el eje, que incluye las dimensiones del impelente (D y Dw) y el diámetro del tanque (T). (Tomado de [45]).

2. ***Igual capacidad de bombeo por unidad de volumen*** (Q/V).
Para este Criterio de Escalado, que equivale a igual tiempo de mezclado, la ecuación general es:

$$N' = N\left(\frac{N_q'}{N_q}\right)$$

para el caso de impelentes semejantes geométricamente $D/T = $ ***constante***, por lo cual la ecuación queda como $N' = N$.
Esta igualdad es lo que permite asegurar un tiempo de mezclado igual en el *modelo* y en el *prototipo*, pero provoca un incremento demasiado grande en la potencia necesaria en el *prototipo*. Un criterio tan exigente es necesario para reacciones de muy rápidas a instantáneas, donde la vida útil de la reacción puede ser de unos pocos segundos. Los *reactores comerciales* para tales sistemas son, por lo tanto, de tamaño relativamente pequeños.[45]

Tabla 5. Efectos de diferentes Criterios de Escalado, cuando se escala de Planta Piloto de 20 L a Escala Industrial con 2,500L, con Re > 10⁴. (Tomado de [48]).

No.	Símbolo	Escala Piloto 20L	Escala Industrial (2500L)				
			Criterios de Escalado				
			Se mantenienе la Semejanza Geométrica				Se aparta sólo DT (Sube de 0.33 Piloto a 0.52 Ind.)
			(P/V)	N	ND	Re	DT
1	T	1	5	5	5	5	5
2	V	1	125	125	125	125	125
3	D	1	5	5	5	5	7.8
4	(D/T)	0.33	0.33	0.33	0.33	0.33	0.52
5	N	1	0.34	1	0.2	0.04	0.16
6	P	1	125	3125	25	0.3	125
7	(P/V)	1	1	25	0.2	0.001	1
8	Q	1	42.5	125	25	5	125
9	(Q/V)	1	0.34	1	0.2	0.04	1
10	ND	1	1.7	5	1	0.2	1
11	Re	1	8.5	25	5	1	3.9

En las demás situaciones, este <u>Criterio de Escalado</u> no resulta práctico y por ello, <u>casi la totalidad de los tanques con agitación a gran escala tienen tiempos de mezclado más grandes que los equipos a pequeña escala, *semejantes geométricamente*</u>. La única posibilidad de lograr un tiempo de mezclado en el *tanque grande*, igual o al menos más cercano al del *tanque pequeño*, es modificando las relaciones geométricas del impelente, como se verá más adelante, ya que, por ejemplo, con un incremento de la relación D/T se puede lograr una mayor relación Q/V con menor N y por lo tanto con menor potencia (Tabla 5).

3. *Igual Potencia por Unidad de Volumen (P/V)*
La <u>Ecuación de Escala</u> es:

$$N' = N\left(\frac{L'}{L}\right)^{-2/3}$$

<u>Esta es una de las mejores opciones para el *Escalado de un Tanque con Agitación Mecánica*. Se ha demostrado que es el mejor procedimiento para escalar las operaciones de mezclado líquido-líquido, cuando el objetivo es lograr igualdad d área interfacial por unidad de volumen de una mezcla líquida y también es aplicable a la dispersión de sólidos en líquidos</u> Sin embargo, en otros casos se acostumbra también a seleccionar este criterio, lo que puede llevar en muchas ocasiones a

Escalados conservadores, aunque siempre el tiempo de mezclado que se obtiene en el *prototipo* resulta mayor que en el *modelo*, lo que se ha tenido en cuenta en los casos en que el tiempo de ciclo resulta importante. Esto puede ocurrir, por ejemplo, cuando el resultado del proceso de agitación es una función del número de veces que el material se circula a través de la zona de alta cizalladura. En general, cuando se usa este Criterio, la *velocidad del mezclador* disminuye en un 78%, pero el tiempo de mezcla aumenta en un factor de 4.6. Cabe señalar que el *Número de Reynolds* aumenta en un factor de *21,5*, y por lo tanto *el régimen de flujo puede cambiar significativamente y afectar la calidad de la mezcla*.[45] En especial hay que tener en cuenta que la velocidad de rotación y la velocidad de cizalladura cambian significativamente al aumentar la escala a P/V constante. Las *velocidades de cizalladura promedio en la región del impulsor disminuyen mientras que la velocidad máxima de cizalladura aumenta al aumentar la escala*. Estos cambios se muestran gráficamente más abajo (Figura 27).

4. *Velocidad periférica constante (ND)*

La velocidad periférica constante significa igual razón de cizalladura máxima en la zona del impelente y también igual intensidad de mezclado. Los resultados obtenidos con este procedimiento, para *tanques semejantes geométricamente*, son bastante pobres en comparación con los obtenidos, por ejemplo, con el *Criterio de igual P/V*. No obstante, este criterio se emplea cuando es un requisito del sistema no exceder un esfuerzo de cizalladura máximo, como es el caso de algunos procesos biotecnológicos en que los microorganismos o células involucrados son muy sensibles a este parámetro. **ND=Cte** y, despejando, se obtiene:

$$N' = N\left(\frac{L}{L}\right)^{-1}$$

Aquí también *cabe el recurso de obtener esa condición sin mantener la semejanza geométrica*, o sea variando la relación **D/T** como se verá a, continuación.

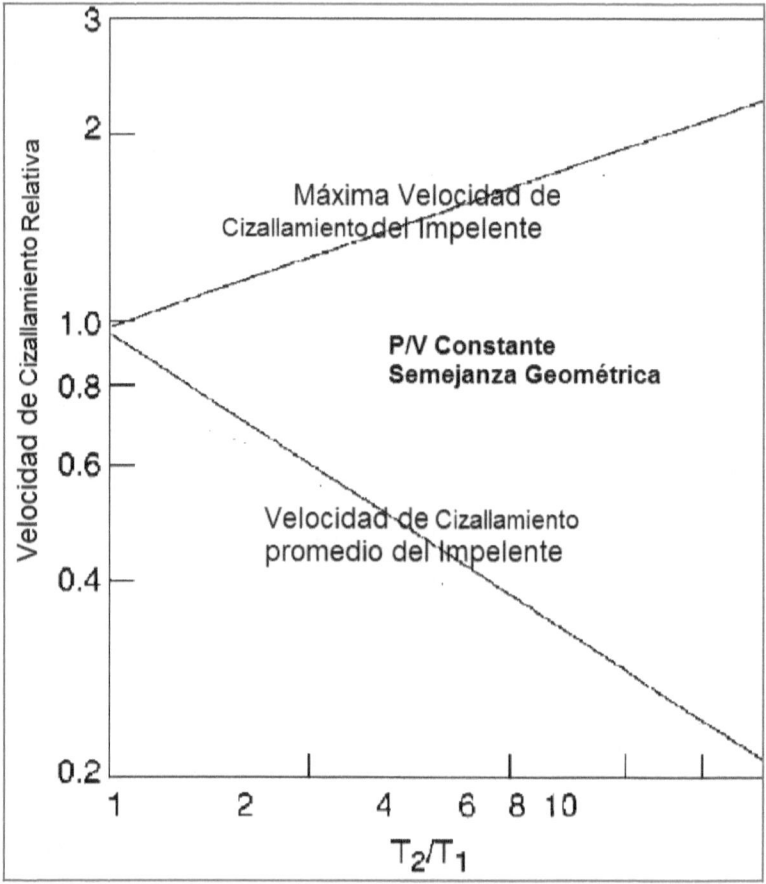

Figura 27. Variación velocidad cizallamiento máxima y promedio durante el proceso de Escalado (Tomado de [40]).

5. Incremento de la Relación D/T

En las variantes anteriores de Escalado se había mantenido la *Semejanza Geométrica,* por lo cual la relación entre el diámetro del impelente (**D**) y el diámetro del tanque (**T**) se mantuvo siempre en el valor de **0.33**. En este caso, se eleva la relación **D/T** a **0.52** y se comprueba (Tabla 5) como afecta ese cambio. Como parte del conjunto de cambios, se mantiene constante el consumo total de potencia (**P**) y por ende la relación (**P/V**); se aumenta el diámetro del impelente (**D**) y se reduce la velocidad de rotación (**N**), de forma tal que se alcance un producto **ND** igual al del *modelo.* De esa forma se obtiene además igual esfuerzo cortante en ambas escalas

Como resultado de ese conjunto de cambios, a pesar de la reducción de **N**, el flujo se incrementa por el aumento del número de flujo **Nq** y para la relación D/T seleccionada en el ejemplo (0.52) se mantiene también la misma relación (Q/V) que en el *modelo*, o sea iguales tiempos de circulación y mezclado por lo cual se mejoran apreciablemente todos los indicadores del *Escalado*.

6. *Otras posibles variantes de Escalado*

    Aunque con los ejemplos analizados no se agotan todas las posibilidades, se logra una idea bastante clara del comportamiento de los diferentes parámetros en las opciones de *Escalado* más empleadas. Quedan algunos casos específicos como es el de los tanques agitados empleados como Reactores, para reacciones químicas rápidas y competitivas, en que hay que analizar tanto los fenómenos de mezclado en su conjunto, tanto el *macro mezclado* como el *micro mezclado* y por ello hay que considerar otras posibilidades como son la variación de la posición y forma de la alimentación de los reactivos y el empleo de variantes con circulación externa Esto hace más complejo el Escalado y requiere de una cuidadosa experimentación previa en cada caso. También están los casos en que hay aireación, como ocurre en los *Fermentadores Aerobios*, donde hay que tener en cuenta el efecto del flujo de aire en la potencia consumida por el agitador y los efectos de la disolución del aire en el líquido, pero esos casos no se analizarán porque se salen del objetivo trazado para este Capítulo que es el *estudio del proceso de mezcla líquida monofásica de fluidos simples*.

CAPÍTULO 4 ESCALADO DE BIORREACTORES

Introducción

El único hecho incontrovertido acerca del *Escalado de los Procesos Biotecnológicos* en general y de los *Biorreactores* en particular , es que es una de las tareas más complejas en el campo de la *Ingeniería Bioquímica*, que constituye un empeño retador para los especialistas de la rama. De inicio hay que tener en cuenta que existen dos posibilidades, como se muestra más abajo [49] [50] (Figura 28).

1. <u>Diseño de un Biorreactor o de una planta de producción nueva</u>, en la cuales se asume que el diseñador tiene la flexibilidad de seleccionar o desarrollar un nuevo sistema (Bioproceso) que cumpla con los requerimientos del Biorreactor.
2. <u>Diseño de un nuevo Bioproceso que sea compatible con las condiciones de un Biorreactor industrial ya existente</u>. Este tipo de problemas resulta muy común en la práctica industrial, particularmente cuando se deben producir muchos productos diferentes y a veces no relacionados entre sí, en una instalación limitada.

Esto no es más que una reafirmación del principio de que hay que realizar el Escalado teniendo en mente el equipo final, o sea, la Escala Industrial, exista esta Escala o no [6]. En el caso de que no exista, se está en el caso 1 y hay flexibilidad para modificar las variables de diseño del equipo a Escala Industrial. Pero si se está en el caso 2, hay que variar las condiciones del proceso desarrollado hasta que sean compatible con el equipo existente. Sin embargo, sólo muy raramente se pueden reproducir en las *Plantas Comerciales a Gran Escala* las condiciones óptimas halladas previamente en las *Escalas de Banco y Piloto*. Por lo tanto, resulta crucial encontrar estrategias que cubran el rango completo de las variables claves y es imperativo que los experimentos en la escala pequeña no se concentren en encontrar un óptimo que puede ser incongruente con las condiciones de una planta de producción [49].

Como ayuda para estas situación, resulta útil concebir la *Planta Piloto* como un instalación satélite permanente de la Planta de Producción, de manera que se pueda coordinar iterativamente el *Proceso de Escalado Ascendente y Descendente* [49] [50].No obstante, si bien este enfoque puede resultar adecuado para un proceso particular, el concepto permanece empírico y no puede compensar la necesidad de desarrollar estrategias racionales basadas en una mejor comprensión de los fundamentos del proceso.

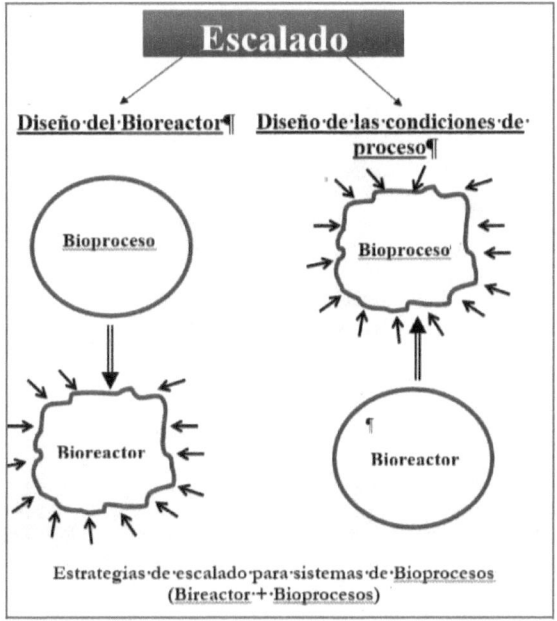

Figura 28. Estrategias de Escalado para el sistema Biorreactor + Bioproceso (Elaboración propia a partir de [49][50]).

Tipos de equipo a utilizar en las etapas de I+D en Biotecnología Industrial

1. *Etapa de Laboratorio*:
   - *Matraces Sacudidos*

   Los equipos más utilizados en esta *Escala* y posiblemente en toda la

Biotecnología, son los <u>Matraces Sacudidos (Shaken Flasks) (Figura 29)</u> y lo han sido durante muchas décadas. Sin embargo, a pesar de su gran importancia práctica, se sabía muy poco sobre las propiedades características de los cultivos en los *matraces*, desde el punto de vista de la ingeniería, antes de los trabajos de *Jochen Büchs* [51] en el 2001 y de *Heiner Giese* en el 2014 [52]). Los trabajos anteriores contenían afirmaciones y consejos contradictorios sobre las condiciones de funcionamiento correctas de ese tipo especial de biorreactores en agitación (sacudida). Sólo a partir de los trabajos mencionados, es que se ha comenzado a contar con información útil para evaluación y diseño, aunque la complejidad de estos equipos aparentemente tan simples, impide que todavía no todos los aspectos estén bien definidos.

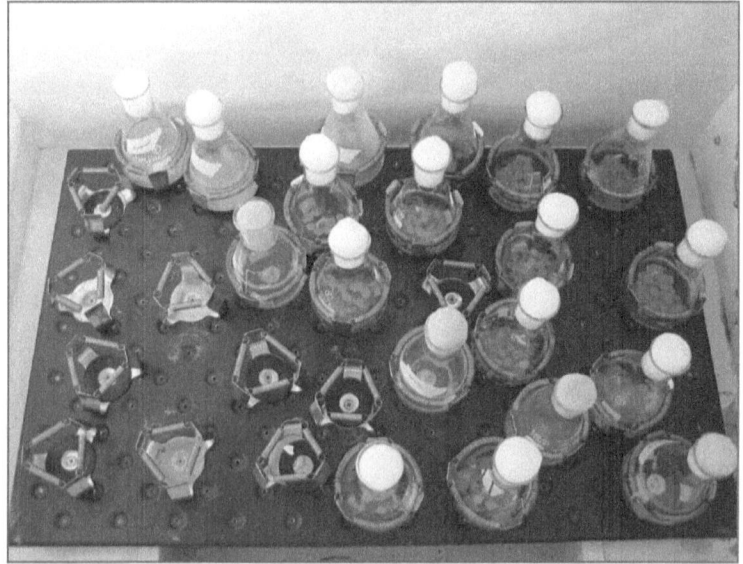

Figura 29. Placa plana oscilante que soporta los frascos sacudidos (<u>shaken flasks</u>) con el caldo de fermentación (Tomado de [45]).

A manera de ejemplo, a continuación se muestra (Figura 30) la vista lateral de un *matraz de sacudida* que ilustra el modelo de distribución de líquido aplicado, donde B es vista superior de la parte A (corte a-b de distribución de líquido); C: es el esquema de la concentración de oxígeno en la película líquida que se adhiere a la pared de vidrio interior del matraz y D es la división hipotética de un *matraz sacudido* en un *reactor de película descendente* y *un reactor de tanque agitado completamente mezclado* (modelo de dos sub-reactores) Las tres ecuaciones que se muestran en la figura representan las condiciones límite para la integración numérica de la difusión de oxígeno en la película t_{exp} líquida. El término es el tiempo de exposición entre la película y la fase gaseosa y es una función de la altura del $t_{exp, max}$ h_{max}

líquido. El término es el tiempo máximo de exposición (tiempo para una rotación completa), que se produce en la parte superior del líquido giratorio ; *do* indica el diámetro de vibración del agitador [52].

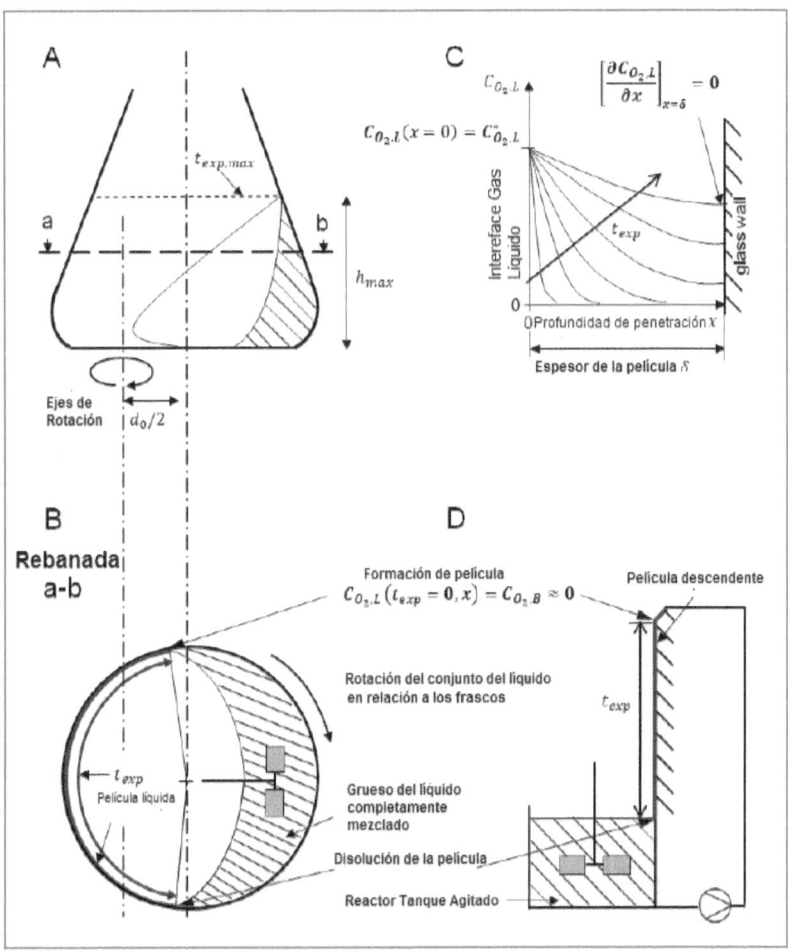

Figura 30. Teoría sobre la transferencia. de masa gas líquido en un frasco removido (De la Tesis PhD de Giesen 2014).

A continuación se muestra el impacto cualitativo del Número de Reynolds (**Re**) en el consumo de potencia en *Tanques Agitados* con *Turbinas Rushton con y sin Deflectores* (Figura 31, líneas continuas, así como en *frascos de sacudidas sin deflectores* Figura 31, (línea punteada). La entrada de potencia está representada por el *Número de Newton* (*Ne*) convencional para tanques agitados y el *Ne modificado para los Frascos Sacudidos*, respectivamente. El número Re crítico para la turbulencia es de 10^4 en tanques agitados con deflectores, 5×10^4 en *Tanques agitados turbinas Rushton sin deflectores* y 6×10^4 en *Frascos de Sacudidas sin Deflectores* [52].

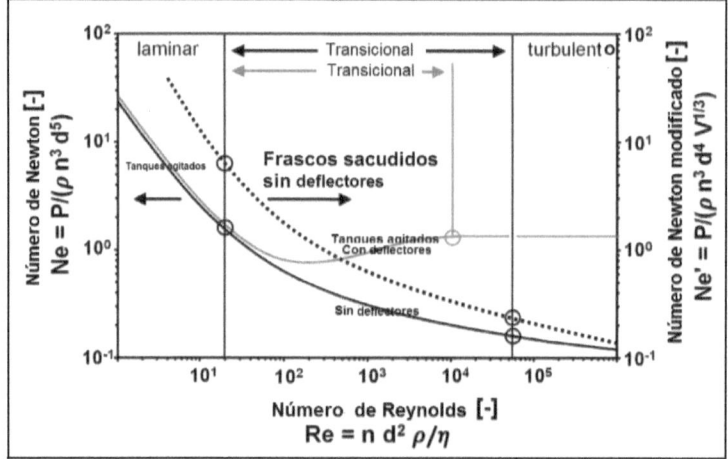

Figura 31. Impacto cuantitativo del Re en Np para <u>Reactores Tanque Agitado (STR)</u> con y sin deflectores y <u>Matraces Sacudidos,</u> sin deflectores (Tomado de [52]).

Estos resultados se muestran como ejemplo del avance obtenido en la comprensión del trabajo de los *matraces sacudidos*, gracias a los trabajos antes mencionados. Esto es importante porque todavía estos equipos juegan un papel importante en los procesos biotecnológicos, a pesar de los nuevos desarrollos existentes, con los *micro biorreactores*, de los cuales se hablará más adelante.

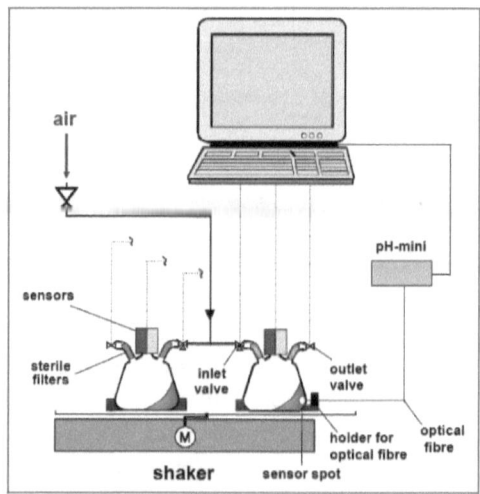

Figura 32. Sistema de medición en línea de pH y trasferencia de O2, mediante fibra óptica (Tomado de [53]).

Como una de las limitantes der estos equipos es la dificultad de realizar mediciones durante su funcionamiento, se han desarrollado diversas configuraciones que intentan resolver ese problema, entre las cuales está la que se muestra más abajo, que incluye un sistema de medición en línea de pH y trasferencia de O2, mediante fibra óptica (Figura 32) [53].

- *MTP (Placas de micro pozos)*

Las MTP (también llamados placas de micro pozos) se introdujeron por primera vez en 1951, como una plataforma para las pruebas de diagnóstico (por ejemplo, para los análisis ELISA) y todavía se usan ampliamente con ese objetivo. Manejan pruebas de diagnóstico tales como ensayos inmunoabsorbentes ligados a enzimas y aprovechan la capacidad de realizar muchas reacciones idénticas en paralelo y en una escala muy pequeña [54]. Es precisamente esa ventaja la que ha llevado a que los MTP se utilicen como *biorreactores en movimiento en miniatura* en la etapa de cribado del desarrollo del proceso para la evaluación de las líneas celulares, entre otros usos. La introducción de esta técnica es ya una tendencia establecida, ya que permite una reducción en el uso de reactivos, y la optimización rápida, lo que aumenta en gran medida las capacidades de rendimiento en un laboratorio. A continuación se muestra una placa MTP, en la que están colocados, en cada uno de sus *micropozos*, los *micro matraces sacudidos*(Figura 33). El corte transversal de un *micro matraz sacudido* se muestra (Figura 34). En la figura se aprecia la cubierta superior (sándwich), mediante la cual se hace el intercambio de gases [55].

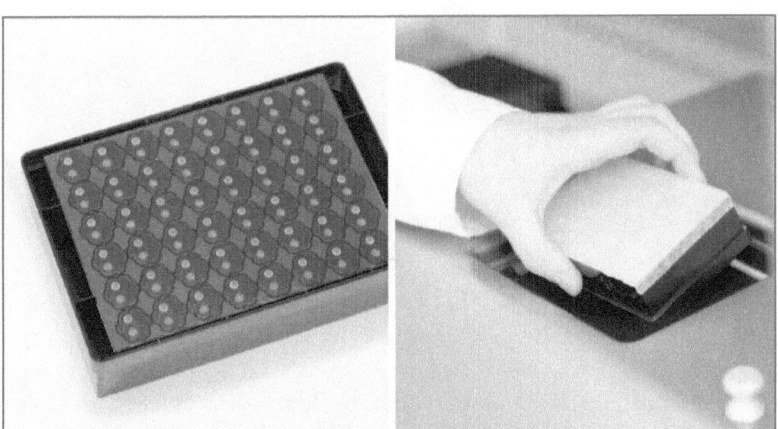

Figura 33. Placas de micro pozos (MTP) con los mini matraces sacudidos en su interior, en este caso el Modelo BioLector (izquierda); Montando el MTP en el equipo para su sacudida y control de temperatura (derecha) (Del catálogo. (Tomado de [54] y [55]).

En el cultivo de microorganismos aeróbicos en estos equipos, el suministro de oxígeno al medio es una cuestión clave. Es importante garantizar que la *Tasa de Transferencia de Oxígeno (OTR)* sea similar a la lograda en los sistemas de cultivo habituales, como los *Matraces Sacudidos* y los *Biorreactores Agitados*. En la práctica, se ha obtenido, en micropozos de 1 mL de profundidad en MTP de 96 micropozos, OTR de 38 mmol l^{-1} h^{-1}, con $k_L a$ de 188 h^{-1}, a 300 rpm de sacudimiento orbital ,con un diámetro de sacudida de 50 mm. *Duetz* et al.[56] reportaron que varias cepas de los géneros *Seudomonas, Rhodococcus* y *Alcaligenes* se cultivaron con éxito, sin contaminación cruzada, mediante el uso de una cubierta de silicona esponjosa y algodón (sándwich) en la parte superior de la MTP. Las cepas de *Streptomyces* formadoras de micelio se cultivaron en micro cultivos líquidos de 1 ml en MTP de micropozos profundos cuadrados, y las suspensiones de esporas se prepararon en los 96 pocillos de un MTP. La optimización rápida del cultivo de células de insectos fue posible utilizando 24 bloques de pozos profundos en MTP [55].

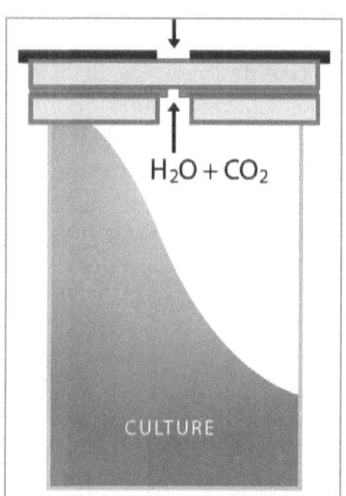

Figura 34. Mini matraz sacudido, a instalar en los micropozillos de un MTP (De catálogo Applikon).

John et al [57] reportaron la detección óptica del oxígeno disuelto (DO) cada pocillo de una placa MTP de poliestireno, de 96 pocillos (Figura 33, derecha), mediante la inmovilización de dos fluoróforos en el fondo de cada pocillo. El valor de $k_L a$ obtenidos en el MTP, utilizando el método con un lector comercial fue de ~ 130 h^{-1}, que se encuentra en el intervalo inferior de los valores que se obtienen con los *Matraces Sacudidos* típicos. Además del oxígeno disuelto (DO), se aplicó una técnica de detección óptica para la medición en línea del pH en los pocillos de un MTP de 24 pozos, continuamente agitado. El MTP se colocó en un lector de plato sensor, que se podría fijar en un agitador (Figura 35) [55] [59].

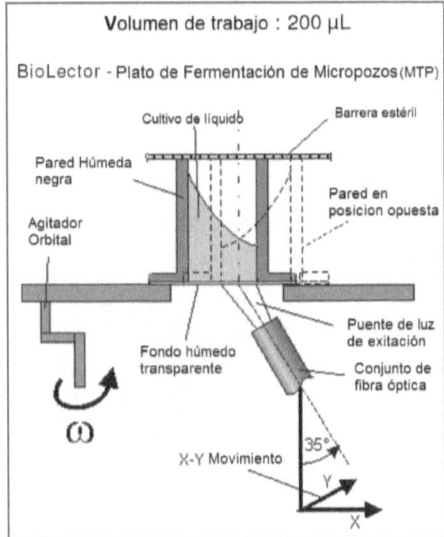

Figura 35. Sistema de medición de fibra óptica para medir turbidez mediante luz dispersa y controlar la proteína fluorescente y un fluorímetro para monitorizar el Oxígeno Disuelto (DO). (Tomado de [59]).

En el desarrollo de la producción a gran escala, se examinó una novedosa técnica de medición en línea casi continua para los *MTP Sacudidos*, que consiste en un sistema de medición de fibra óptica para medir la turbidez mediante la luz dispersa y controlar la proteína fluorescente (por ejemplo, NADH, proteína fluorescente amarilla) y un fluorímetro para monitorizar el OD (Figura 36). Con ese dispositivo, Kensy y colaboradores . realizaron un <u>Escalado exitoso de 7.000 veces desde un cultivo de 0,2 mL en MTPs BioLector™, hasta una *Fermentación con Tanque Agitado (STR)* de 1,4</u> . [59].

En general se ha realizado la caracterización de los *Biorreactores MTP Sacudidos*, utilizando técnicas de *modelación y simulación* **CFD**, para evaluar la mezcla de fluidos, la disipación de energía y la transferencia de masa en los *Biorreactores MTP* con pocillos cuadrados profundos, con arreglos de 24 pocillos y 96 pocillos por MTP. También se desarrolló un método de medición de pH, económico, rápido y robusto, empleando ácido carboxílico, y se estableció un modelo matemático para regular el pH en placas de múltiples pocillos y matraces agitados. El formato de placa de 96 pocillos ha sido ampliamente utilizado para el cribado para gran capacidad. Sin embargo, a menudo se afirma que las restricciones en OTR impiden una expansión exitosa.[55]

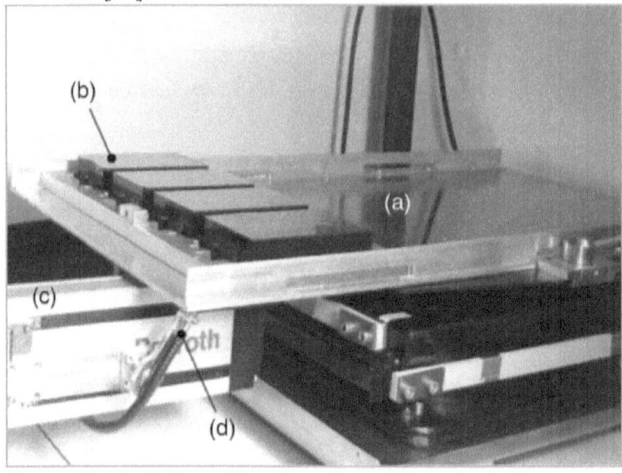

Figura 36. Medición en línea basada en la tecnología BioLector, En la foto, (b) son los4 MTP, (a) es la placa oscilatne y (d) el cable óptico (Tomado de [59])

- **_Mini biorreactores en MTP_**

Siguiendo la tendencia a la miniaturización y a la colocación en paralelo, se han desarrollado *Mini Biorreactores* que se han insertado en casetes de MTP. Uno muy interesantes es el denominado _MacroMatrix_ de *Applikon*, el cual en el 2016 Mohd Helmi San lo comparó con el trabajo de los *Matraces Sacudidos MTP* [60]. El cuerpo del *MicroMatrix* se muestra a continuación (Figura 37), y en la figura se aprecia el casete en el que se insertan los mini biorreactores, la caja contenedora del casete y el equipo que sirve para mantenerla temperatura y asegurar la agitación [60].

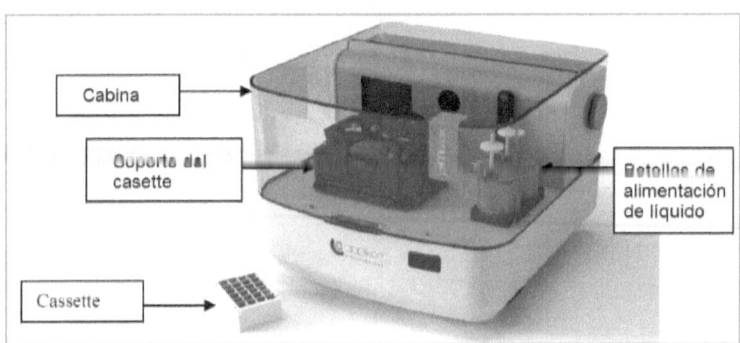

Figura 37. Componentes del Equipo Micro Matrix de Applikon (sin los biorreactores) (Tomado de [60]).

Más abajo se muestra el casete con los biorreactores insertados sobre una mano, lo que da una idea del tamaño del equipo (Figura 38, izquierda). También se muestra un corte de un minibiorreactor, con los sensores y las conexiones para entrada y salida de gases (Figura 38, derecha). En el trabajo, de Mohd Helmi Sani se analizó primero el trabajo de los *MTP*, para compararlos después con el *MicroMatrix*. Con relación a los *Matraces Agitados en MTP* obtuvo que dicha configuración tiene alto rendimiento y la posibilidad de cultivo paralelo ,permite generar información temprana de bioprocesos cuantitativos; reducir los costos de los requisitos de los medios; y reducir los costos generales de la experimentación. Además, el desarrollo de bioprocesos con *Placas de Microtitulación Sacudidas (MTP)* ofrece el potencial de acelerar la entrega de nuevos medicamentos al mercado y aumentar los beneficios para el paciente. Las técnicas de alimentación en bolo empleadas en las MTP pueden proporcionar glucosa a las células después de la privación de glucosa. En consecuencia, la utilización de alimento diluido en el lote alimentado de cultivo de *Ovario de Hámster Chino (CHO)* redujo significativamente la concentración de lactato en el cultivo después de 14 días de experimento. En general, ese trabajo demostró que el cultivo celular realizado en la *placa de microtitulación agitada (MTP)* es capaz de proporcionar una base para datos de bioprocesos cuantitativos y reproducibles.

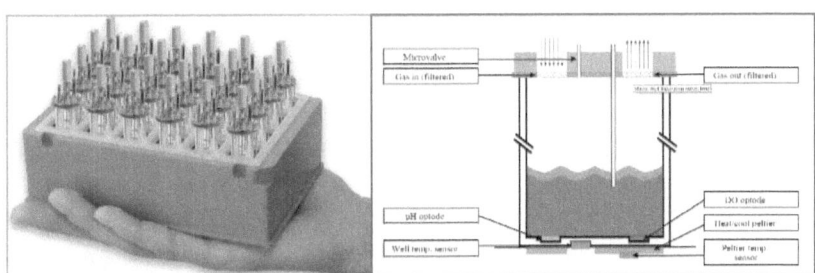

Figura 38. Componentes del Equipo Micro Matrix de Applikon, sin los biorreactores (izquierda); Esquema del cuerpo del biorreactor que se coloca en cada celda del casete MTP(derecha). (Tomados de [60]).

Con relación al Micro-Matrix, la evaluación realizada demostró también su capacidad y potencialidad, ya que une la concepción en paralelo de los MTP con el enfoque de los *Mini biorreactores*, que se verán más adelante. Otro enfoque similar al *MicroMatrix* es el denominado *HTBR* (*Biorreactor de Alto Rendimiento*) presentado por Xudong Ge et al., en 2006, para el cultivo de células de mamíferos [61].En ese trabajo se plantea que este es un sistema de alto rendimiento, que permite el funcionamiento simultáneo de 12 mini biorreactores de tanque agitado (Figura 39).

Todos los biorreactores *HTBR* son monitoreados por sensores ópticos mínimamente invasivos de bajo costo para pH y oxígeno disuelto. Como resultado final del trabajo se obtuvo que todos los sensores en los diferentes biorreactores se comportaron consistentemente, y todos los biorreactores tuvieron un rendimiento similar bajo las mismas condiciones. La discrepancia entre los diferentes sensores de pH fue inferior a 0,1 unidades de pH en la mayor parte de su rango de respuesta. La discrepancia entre los diferentes sensores de oxígeno disuelto fue inferior al 10% en todo el rango de 0% de oxígeno disuelto al 100%. Debido a que los sensores se comportan de manera consistente, solo se requirió una calibración inicial de una sola vez.

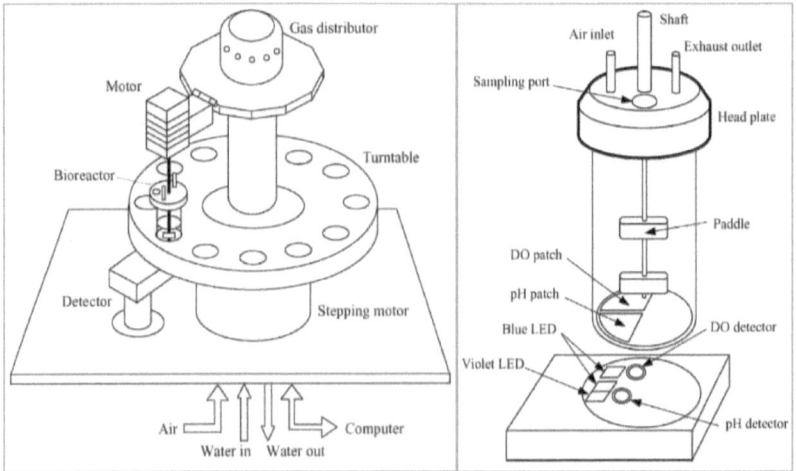

Figura 39. Sistema de biorreactores de alto rendimiento (HTBR) tipo tanque agitado. Llega hasta 12, en la figura solo se muestra uno (izquierda); Uno de los 12 biorreactores con sus partes internas y su sistema de monitoreo (Tomado de [61])

- *Micro-biorreactores*

Introducción: Este tipo de Biorreactores, también llamados *Biorreactor en un Chip (BoC)* [58] se han introducido muy recientemente en el campo de los Bioprocesos. Por ejemplo, en una referencia del 2015 se lee: "*Los micro reactores son sistemas de reacción miniaturizados con canales de fluido de dimensiones muy pequeñas, tal vez de 0,05-1 mm. Son un desarrollo relativamente nuevo, y en el presente se utilizan principalmente para sistemas analíticos. Sin embargo, los sistemas de micro reactores podrían ser útiles para unidades de producción de pequeña escala...*". [62]. No obstante, ya el año siguiente se puede leer: "*El número cada vez mayor de permutaciones y optimizaciones genéticas y de proceso necesarias para detectar nuevos productos, requerirá formas más rápidas de recopilar toda esa información. Los volúmenes de reactores más pequeños, combinados con sensores integrados, con un flujo de datos en tiempo real, facilitarían el cribado de alto rendimiento de manera rentable.*

Aunque los biorreactores de Escala de Banco estándares ofrecen durante los experimentos algunos de estos parámetros en tiempo real, como la Densidad 'Óptica (OD) y pH, la biomasa se mide fuera de línea, lo que incrementa el riesgo de contaminación y reduce el volumen durante el experimento, lo que conduce a condiciones de proceso alteradas. Los tubos y matraces agitados, que representan más del 90% de todos los experimentos de cultivo celular en biotecnología [51], pueden operarse en paralelo con volúmenes más pequeños, pero los datos solo se recopilan en el punto final. Incrementar aún más el escalado descendente de los micro biorreactores, conduce a sistemas como matrices de micro fermentadores o kits de análisis microbiológicos.

Mediante el uso de técnicas de micro fabricación, los volúmenes de las cámaras de los biorreactores pueden reducirse a picolitros. La pregunta que surge inmediatamente es cuál sería la ventaja si los biorreactores se reducen aún más. Una respuesta es que las dimensiones de los micro biorreactores llegan a ser similares a las de los sistemas in vivo. Actualmente, ya hay investigaciones realizadas sobre quimiostatos unicelulares. Se sabe que las condiciones fisiológicas dentro de una cámara de micro fluidos no son las mismas que en los biorreactores de tamaño industrial, lo que presentará problemas cuando se intente escalar el proceso de picolitros a biorreactores de tamaño completo. Sin embargo, podría ser posible ampliar el proceso creando un gran conjunto de Biorreactores en Chips (BRoCs)….". [58]

Características de funcionamiento: En los últimos años, se han realizado muchos esfuerzos para caracterizar los *micro biorreactores* en detalle. Como consecuencia, en la actualidad se dispone del conocimiento fundamental sobre, por ejemplo, el consumo de potencia específica, la transferencia de masa gas-líquido y la influencia de la ventilación en los *micro biorreactores*. Este conocimiento se usa para optimizar continuamente las condiciones de operación y para mejorar la productividad de los cultivos microbianos. Simultáneamente, se han desarrollado nuevos métodos analíticos y estrategias de control basadas en técnicas de medición en línea no invasivas. Como resultado, hoy en día, en los *biorreactores de muy pequeña escala* se han determinado con precisión los parámetros de proceso requeridos. No obstante, las últimas tendencias de las aplicaciones automáticas de alto rendimiento, así como la viabilidad de la alimentación de sustrato, demuestran que aún no se explota todo el potencial del desarrollo de los *micro biorreactores*.

Una ventaja importante de los sistemas micro fluidos, es la capacidad de crear gradientes de *concentración de sustancias químicas dentro de un biorreactor mediante flujos laminar* (Figura 40a). Básicamente, un generador de gradiente es una serie de canales con diferentes contenidos de fluidos conectados a una cámara donde se forma el gradiente. Debido al carácter laminar de los flujos dentro de los micro canales, la mezcla solo se produce por difusión. Una forma simple de formar un gradiente de concentración es tener dos soluciones fluyendo en un micro canal (Figura 40b). Esto crea un flujo paralelo, que lentamente mezclará el canal. También se han desarrollado otros tipos más complejos de gradientes de concentración, que incluyen distribuciones lineales, sigmoidales y logarítmicas (Figura 40c). La formación de gradientes de concentración en sistemas de pozos múltiples no es sencilla ya que las dosis deben crearse en diferentes pozos.

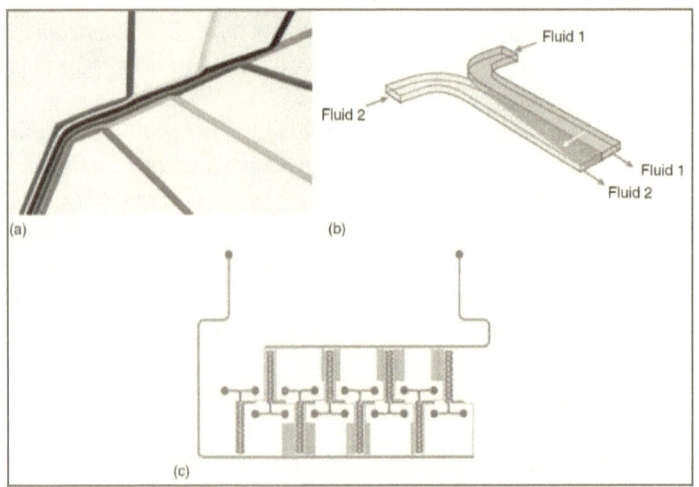

Figura 40. (a) Patrones de flujo laminar multi-fásico; (b) Mezcla de dos flujos laminar por difusión; (c) Un generador de concentración lineal con ocho concentraciones diferentes en las salidas (Tomado de [63]).

Otra aplicación del generador de gradiente es la creación de dosificaciones combinatorias de fármacos, para lograr efectos sinérgicos y establecer la relación óptima entre los fármacos. Un ejemplo es probar el efecto de varias concentraciones de anestésicos, bupivacaína y lidocaína en mioblastos. Tal control sobre las entregas de reactivos a concentraciones definidas muestra el potencial de los *Bioreactores en Chips (BRoCs)* que no se puede lograr fácilmente con *plataformas de micropocillos (MTP) convencionales*.

Construcción: Hay varias formas de fabricar un microsistema. Uno de esos procesos, la _litografía suave_, se utiliza para reproducir los moldes, tiene la ventaja de que se puede realizar con material transparente y es uno de los métodos más utilizados para la fabricación de micro fluidos. Tiene además la ventaja de no requerir *"Cuartos Limpios"* especiales y costosos, aunque los *Cuartos Limpios* siempre son necesarios para la fabricación de los moldes iniciales. [63]. Además, está también la opción de la técnica de fabricación de mecánica fina, en la que los orificios se pueden taladrar hasta _100 μm_ de diámetro. Hoy en día, el mecanizado con láser es más accesible, pero para alcanzar una alta precisión se necesita un láser de alta precisión, lo que aumenta el precio. A continuación se mostrará un ejemplo de construcción con _litografía suave_ [58].

Ventajas de operación: Las ventajas de los *micro-biorreactores* se pueden apreciarse gráficamente, en la Tabla que se ofrece a continuación (Tabla 6) y en la comparativa que se muestra más abajo (Figura 42) [64]. En la Tabla se muestra la variación de la relación Superficie/Volumen entre un Microbiorreactor y otros equipos más grandes. Los resultados son evidentes:

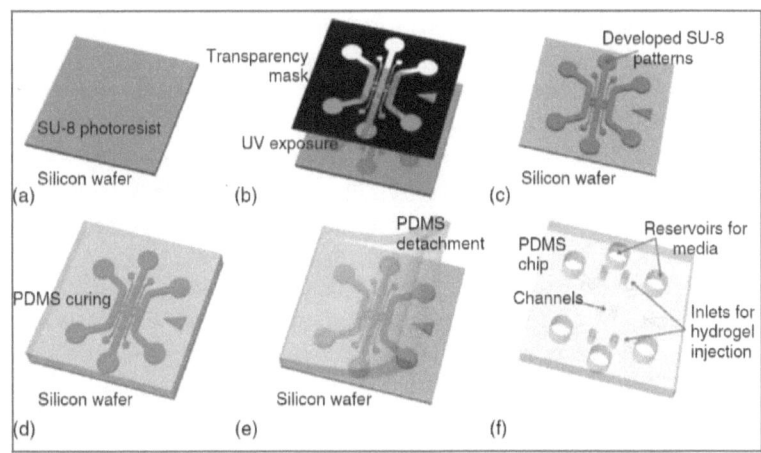

Figura 41. Ejemplo del proceso de construcción de un BRoCs. La parte superior (a-c) es el proceso de construcción del molde, la parte inferior es el proceso de fundido de cada uno de los micro biorreactores (Tomado de [58]).

Tabla 6. Relación de superficie a volumen para diferentes tamaños de biorreactores (Traducido de [59]).

Tipo de Reactor	Superficie/Volumen [cm2/cm3]
Microcanal plano, ancho aprox. 100 micras	200
Matraz 100 mL	1
Biorreactor de 100 L	0.08
Biorreactor 1 m^3	0.06

Conclusión: Para finalizar este epígrafe se toma la conclusión de la referencia: "*El uso de micro fluidos para micro biorreactores para cultivar células de mamífero o microbianas es muy prometedor. En particular, con la integración de herramientas analíticas, que ahora se realizan fuera de línea, como HPLC, surgirán sistemas más confiables. Sin embargo, este es uno de los obstáculos que deben superarse. La miniaturización da como resultado tamaños de muestra más pequeños, hasta pico litros, lo que hace que sea imposible analizar utilizando sistemas analíticos convencionales. La viabilidad de las células, oxígeno disuelto, densidad óptica y pH* *pueden medirse fácilmente en el chip, pero los productos metabólicos no se miden en el chip. Por ejemplo, la célula β pancreática produce 80 ng de insulina por un millón de células. Sin embargo, solo se usan típicamente 5000-10 000 células en un chip. Otro desafío es la operación de los sistemas de micro fluidos, especialmente cuando se trata de cultivo celular. Se requieren habilidades para ejecutar experimentos en dispositivos de micro fluidos, y cada chip de micro fluidos tiene sus propias especificidades. La automatización será un factor clave en la producción de dispositivos fáciles de usar, que cualquier persona puede utilizar. A medida que los dispositivos de micro fluidos se vuelvan más complicados, se requiere contar con un sistema completamente controlado. Un buen ejemplo para un sistema totalmente automatizado es la integración de micro fluidos a gran escala (mLSI), un sistema que es comparable con los circuitos integrados en electrónica. Aunque <u>la integración en el chip</u> está progresando, no ha alcanzado el mismo nivel de control que un sistema robótico de manejo de líquidos, que tenía problemas similares antes. Como punto final, la <u>automatización e integración del chip</u> dará como resultado una mejor repetitividad, ya que no depende del usuario del chip. Para conectarse sin problemas con las herramientas automatizadas existentes, los micro fluidos podrían integrarse en un sistema robótico de manejo de líquidos".*[58].

2. Etapa de Banco
- ### *Biorreactores tipo tanque agitados (STB) convencionales*

En esta *Escala*, se dejan de utilizar los *Matraces Sacudidos* y el resto de las variantes como los *MTP* y los *Micro Biorreactores* y el equipamiento a utilizar comienza a tomar las características de los equipos industriales, aunque aún predomina el vidrio (y más recientemente el plástico) como elemento fundamental de construcción. Los fermentadores a emplear en esta escala son siempre, factibles de esterilizar en autoclaves ("*autoclaveables*") y tienen un tope de acero inoxidable (Figura 43 d). El resto del cuerpo de vidrio y existen varias variantes de configuración y un rango de tamaños, aunque casi nunca exceden de los 10 L. Entre los principales tipos de biorreactores de Escala de Bando convencionales (aunque existen también otras variantes, con fondo plano de vidrio), se tienen: Pared sencilla, fondo cónico (a); Pared doble, fondo cónico (b); Pared simple, fondo metálico con el sistema de control de temperatura. En (a), el control de temperatura se incluye dentro del biorreactor, en (b) se utiliza la doble pared para que circule el fluido refrigerante y en (c) el sistema de control de temperatura está en la base metálica de la base.

- ### *Biorreactores Tanque Agitado (SR) de un solo Uso (SU)*.

Para la *Escala de Banco* se ofertan en el rango de 1 – 4 L (Figura 44 (izquierda)). Sobre este tipo de biorreactores no es necesario comentarios específicos, ya que se comportan exactamente igual que sus homólogos "*autoclaveables*". Este mismo tipo de Biorreactores están disponibles para las

Escalas Piloto e Industrial, como se verá más adelante.

- ***Biorreactores SU Sacudidos***

Este tipo de equipos se utiliza desde el Laboratorio hasta la Escala Piloto y da muy buenos resultados. Más abajo se muestra uno de estos equipos (Figura 44. derecha). Además, también se utilizan equipos en esta misma escala con los otros medios de movimientos que se vieron en la Escala de Banco, como los de balanceo y los de balanceo con dos dimensiones.

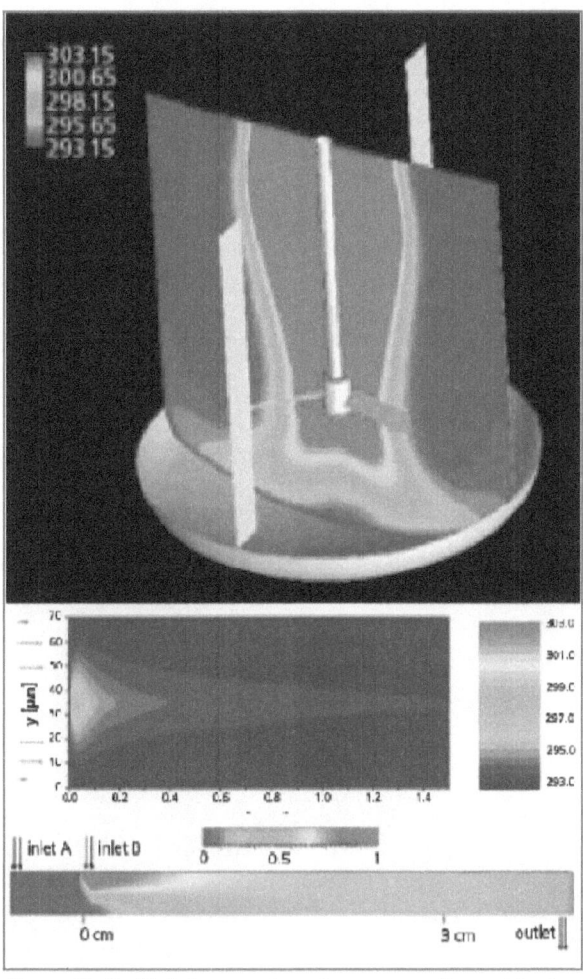

Figura 42. Perfil de temperatura de una reacción exotérmica: en un tanque de mezcla agitado (arriba); en un micro biorreactor (medio); perfil de mezclado a lo largo del eje de un micro biorreactor (debajo) (Tomado de [59]).

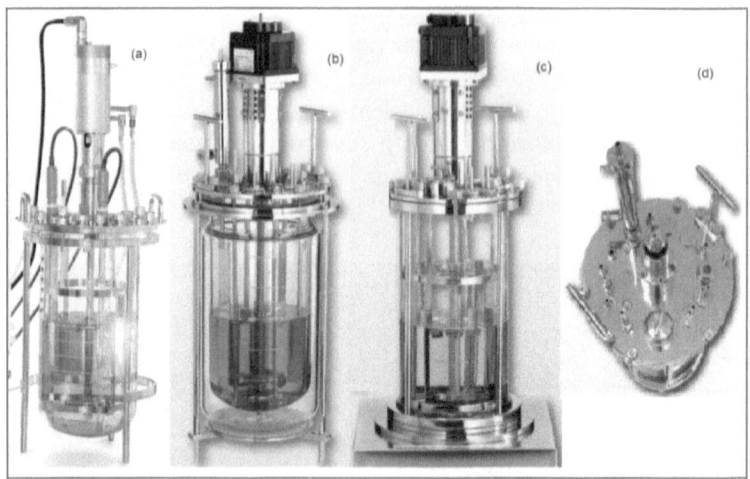

Figura 43. Tipos de biorreactores de escala de banco convencionales: Pared simple, fondo cónico (a); Pared doble fondo cónico (b); Pared simple, fondo metálico (c). En (d) el cabezal de acero inoxidable de la tapa (Tomado de los catáloaos de los fabricantes).

Figura 44. Biorreactor Tanque Agitado de un solo uso Sartorious, de 1-4L (izquierda); Biorreactor de Uso Único Sacudido, INFORS (0.2 a 10L) (derecha).

Este tipo de *Biorreactores SUB* llega también hasta las *Escalas Piloto e Industrial*. Más abajo se muestra un grupo de *Biorreactoes SUB sacudidos*, montados sobre una mesa de sacudida(Figura 44 (derecha).

En los últimos 10 años, los *Biorreactores SUB de Sacudida Orbital* se han desarrollado desde la primera prueba de concepto hasta los sistemas establecidos para el procesamiento en *Escalado Ascendente*. Hoy en día, esos biorreactores están disponibles en volúmenes que van desde *15 mL hasta 200 L* y <u>su principio de funcionamiento básico se ha comprobado hasta volúmenes de biorreactor de 2.000 L</u>. Se han investigado parámetros fundamentales de ingeniería como transferencia de oxígeno, entrada de energía, rendimiento de mezcla y estrés hidromecánico. en varios estudios de investigación. Además, se ha demostrado la aplicabilidad de reactores de un solo uso agitados orbitalmente para cultivar células en suspensión de animales, insectos y plantas a diferentes escalas. [65].

- ***Mini biorreactores Tipo Tanque Agitado (STR) de un Sólo Uso (SU)***

Los *Biorreactores de Tanque Agitado a Gran Escala* convencionales, son comúnmente el principal sistema utilizado en la *Industria Biofarmacéutica* para la producción de anticuerpos terapéuticos. Sin embargo, los sistemas *STR a Gran Escala* tienen limitaciones para realizar el desarrollo y la optimización del proceso en el cultivo celular. Para reducir este cuello de botella, las compañías farmacéuticas han validado los modelos de *Escalado Descendente* para imitar, en la *Escala Pequeña,* el rendimiento de sus *Biorreactores Piloto* o de *Escala de Fabricación*. La alternativa es <u>desarrollar sistemas miniaturizados que tengan reactores paralelos de alto rendimiento, con los parámetros de ingeniería clave, comparables a los Biorreactores Convencionales a Gran Escala</u> [60].

Más abajo (Figura 45) se muestra un conjunto de 8 *Minibiorreactores en Paralelo*, en este caso del modelo *HEL BioXplore 400*, en el cual el volumen de trabajo de cada mini biorreactor está entre 20 y 400 mL. También está a el modelo *HEL BioXplore 1*, en el cual el volumen de cada mini biorreactor varía entre 20 y 150 mL. Las figuras y la información están tomadas del catálogo de HEL Group.

La caracterización de diseño e ingeniería de estos *Mini Biorreactores Agitados (MBR)* es importante para determinar que la cinética de crecimiento y la formación del producto son equivalentes cuando se reduce su tamaño y hasta el momento en las evaluaciones realizadas, principalmente para cultivos microbianos, se ha comprobado este comportamiento positivo. Más recientemente Sani (2016) [60], realizó esa evaluación y obtuvo que el funcionamiento de los *Mini Biorreactores* en paralelo producen una cinética de crecimiento y productividad que son comparables y reproducibles. Además, los parámetros de ingeniería caracterizados, sirven como base para estudios de Escalado Ascendente y Descendente, utilizando biorreactores con diferentes geometrías [60]

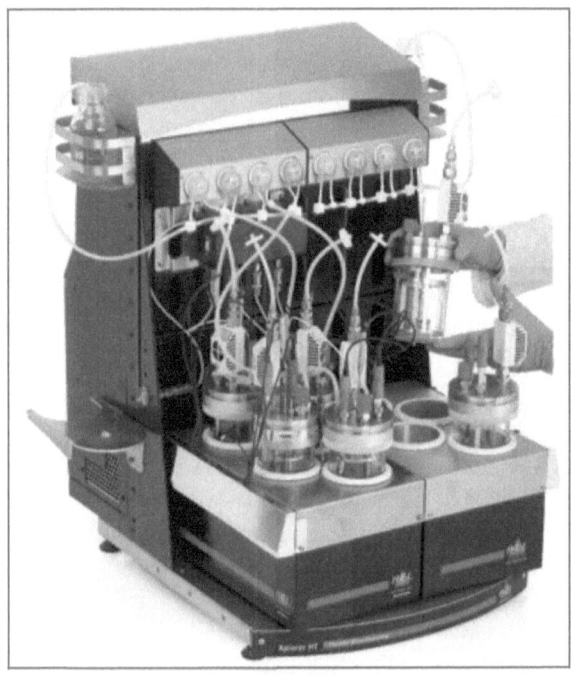

Figura 45. Conjunto de hasta 8 Mini Biorreactores ST de 40 mL volumen máximo cada uno, operando en paralelo (Modelo BioXplorer 400 del Catálogo de HEL Group).

- *Biorreactores de Bolsa SU con movimientos de ola y de balanceo*

Además de uso tradicional del sistema de sacudida, para las Bolsas SU se han utilizado también otros sistemas, como la *Agitación por Ola* (Figura 46, izquierda) y la *Agitación por Balanceo* (Figura 46, derecha. En el caso de la *Agitación por Balanceo*, se ha introducido una variante de Movimiento en 2D (*CELL-tainer®*), que se asegura resulta que resulta mucho más eficiente que los demás. En la Figura 46,derecha superior, un sistema *CELL-tainer* funcionado, con la tapa quitada para que se pueda apreciar la bolsa en su interior y en la parte inferior, se muestra un esquema de la forma en que se lleva a cabo el movimiento en 2D, con el efecto que tiene en la transferencia de masa.

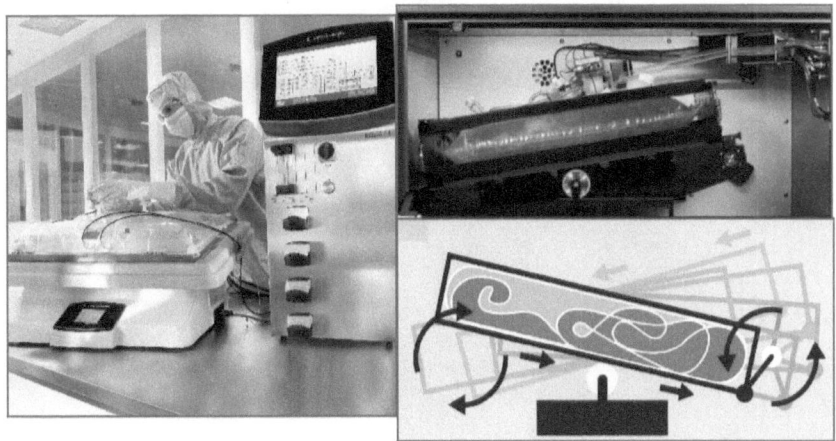

Figura 46. Biorreactor en Bolsa SU con movimiento de balanceo (izquierda); Bolsa SU con movimiento en 2D, encima del elemento motriz y dentro del sistema de control (derecha, arria); Esquema del Movimiento en 2D (derecha, abajo).

Un aspecto muy interesante y que se verá después de mostrar los distintos equipos que se utilizan en las Escalas de I+D en Biotecnología, son las distintas variantes que se pueden llevar a cabo en el proceso de Escalado, al contar con esa gran cantidad de equipamiento novedoso. Con esos equipos se logra reducir el tiempo necesario para el proceso de llevar del Laboratorio a la Escala Piloto y de igual forma se facilita el tan necesario Escalado Descendente hacia la Escala de Laboratorio y Banco.

3. Equipos específicos para cultivos celulares

Los cultivos de células de plantas, animales e insectos tienen sus peculiaridades, pero la mayoría de los equipos descritos en los epígrafes anteriores también se pueden utilizar para cultivarlos. Sin embargo, hay algunos equipos que se han desarrollado específicamente para el cultivo celular, como los *Matraces de Giro (Spinner Flasks)*, (Figura 47, derecha) y las *Botellas Rotatorias (Rolled Bottles)*, (Figura 47, derecha). Ambos equipos, aunque se desarrollaron para la Escala de Laboratorio, en la actualidad están disponibles en una gran variedad de tamaños. A continuación se muestran estos equipos instalados en el Laboratorio (Figura 47):

Más abajo, se muestra (Figura 48) un resumen de los equipos disponibles comercialmente para el Escalado de los cultivos celulares. Los equios que parecen en la figura son: 1) *BIOSTATR CultiBag STR 200L* (Sartorius Stedim Biotech); (2) *XDR-200 Bioreactor* (GE Healthcare); (3) *BioBlu R* familia de productos (Eppendorf); (4) *Biorreactores de giro de tubo* (Sartorius Stedim Biotech); (5) *Matraces sacudidos* (Corning); (6) *Sacudidos Orbitales*/SB200-X (Kühner AG / Sartorius Stedim Biotech; (7) WAVE **Sistema Biorreactor de Ola** 20/50 (GE Healthcare); (8) BIOSTATR® CultiBag RM (Sartorius Stedim Biotech). [66].

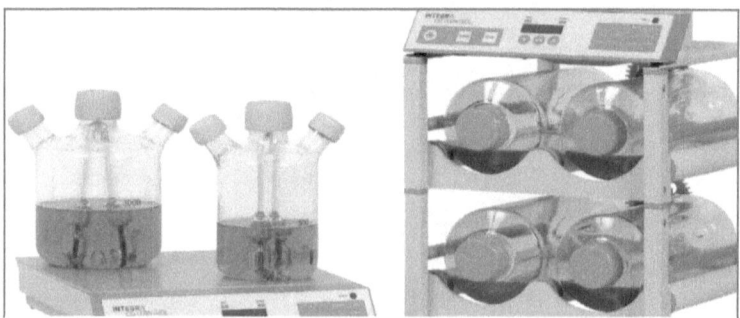

Figura 47. Frascos de Giro (izquierda); Botellas Rotatorias (derecha) (Tomdo del catálgoo de la firma INTEGRA Biosciences).

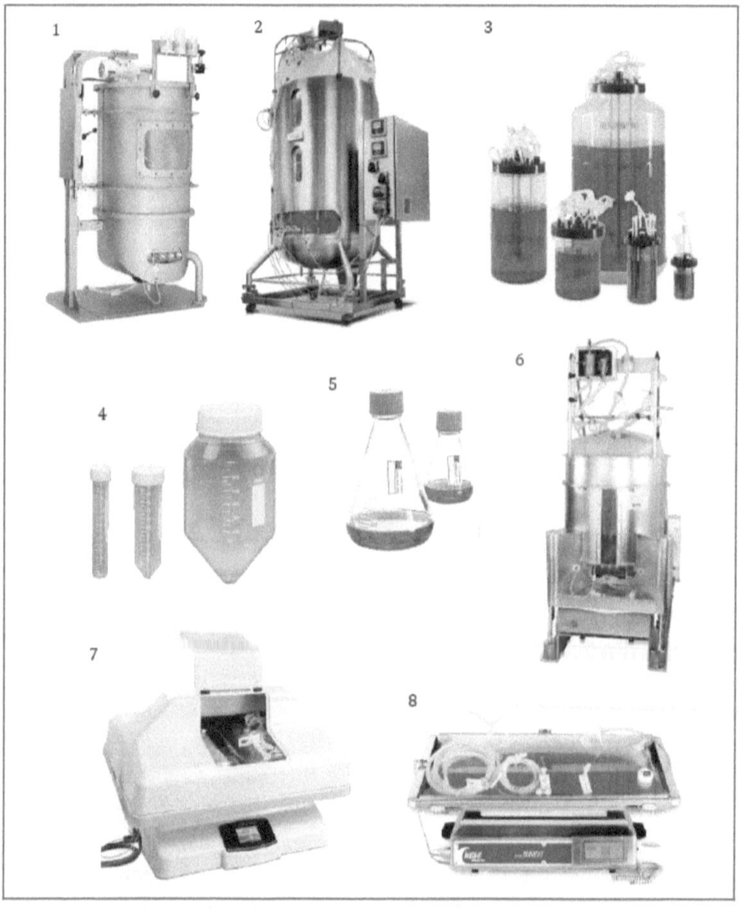

Figura 48. Biorreactores para el Escalado de Cultivos Celulares. Todos, menos 4, y 5, se usan iqualmente para cultivos microbianos (Tomado de {61).

4. *Etapa Piloto*
   - **Biorreactores convencionales tipo Tanque Agitado (STR)**

El tamaño de los equipos a emplear en esta *Escala*, depende mucho del tamaño final de la unidad de producción industrial. Cuando la producción final es a *pequeña escala*, como en el caso de la producción de algunos medicamentos específicos, a partir de células de mamíferos, un equipo de 500 L pudiera prácticamente de escala industrial, por lo cual en ese aso la *Escala Piloto* puede ser muy reducida.

En general los fermentadores en esta escala <u>son esterilizados *in situ*</u>, y son <u>alimentados con materias primas industriales</u>, a diferencia de la *Escala de Banco* donde se emplea, en la mayoría de los casos, reactivos grado laboratorio. Se destacan también por la posibilidad de obtener cantidades apreciables de producto, en condiciones similares a las industriales, con las cuales se pueden hacer las *Pruebas de Mercado* y, en el caso de los medicamentos, las *Pruebas o Ensayos Clínicos*.

Se consideran en la *Escala Piloto*, fermentadores a partir de 20 L, generalmente construidos totalmente de acero inoxidable (Figura 49). El modelo que se muestra, en sus capacidades más altas, pueden ser utilizados en la *Escala Industrial*. Pero lo más importante, en todos los casos, es que en la *Escala Piloto* se puedan obtener cantidades apreciables del producto en desarrollo, que permitan realizar las pruebas necesarias y aseguren que no se tendrán cambios en las especificaciones de calidad cuando se pase a la Escala Industrial.

Figura 49. Biorreactor Escala Piloto Convencional New Brunswick BioFlo (izquierda); Grupo de Biorreactores Piloto (derecha).

- **Biorreactores de un solo uso (SU) Tipo Tanque Agitado (ST)**

Debido a la similitud con los *Biorreactores de Tanque Agitado* tradicionales bien establecidos, la potencia de entrada y los números de mezcla, su influencia durante el aumento de escala y su determinación están bastante bien establecidas. Sin embargo, la escalabilidad es restringida, y la aplicación a *gran escala* está restringida a unos pocos metros cúbicos, ya que la estabilidad mecánica y, por lo tanto, las velocidades de agitación considerables, no pueden obtenerse a mayor escala. En resumen, los *Biorreactores Agitados de un Solo Uso* están disponibles desde el volumen en mililitros para el cultivo paralelo a *Escala de Laboratorio*, hasta el volumen de uno o dos m³ para la producción.[58].

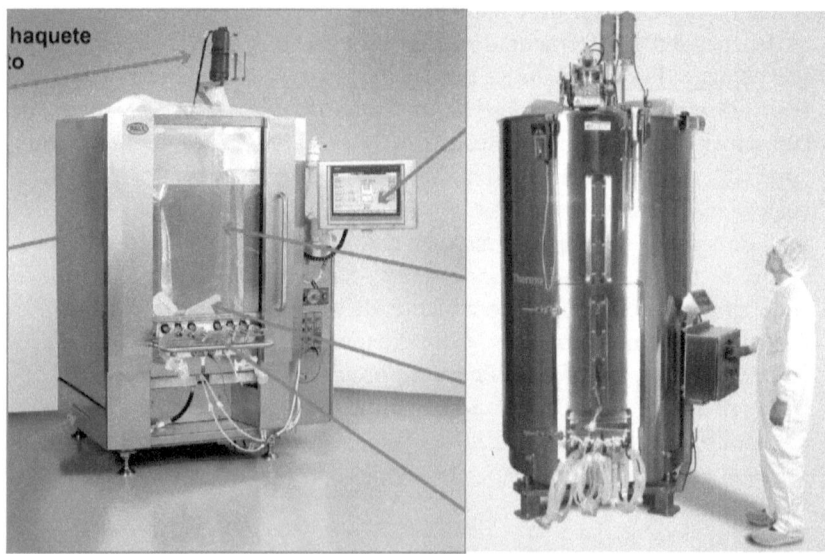

Figura 50. Biorreactores de un Solo Uso (SU), Tanque Agitado (ST). Equipo abierto, se aprecia la bolsa interior (izquierda); Equipo en funcionamiento (derecha).(Tomado del Catálogo PALL Biotech , izquierda y de TheermoScientific, derecha).

- **Biorreactores de un solo uso (SU) con Movimiento de Sacudida**

En su forma exterior (Figura 51). no se diferencian mucho de los anteriores ya que sólo cambia el mecanismo de movimiento y es el mismo formato de operación que los Matraces Sacudidos de Escala de Laboratorio tradicionales.

De lo visto hasta ahora se desprende que, hay al menos tres grupos de conceptos de reactores desechables que se pueden agrupar: (i) *SUBs agitados*, (ii) *SUBs con movimiento por sacudidas* y (iii) *SUBs mezclados con movimientos mezclados de ondas y balanceos*. Cada grupo tiene ventajas y desventajas específicas con respecto a la escalabilidad. Aunque los *SUBs agitados* se pueden escalar de manera similar a los reactores convencionales, esta es una tarea más desafiante para los *reactores mezclados con ondas* y los *reactores orbitales* debido a la falta de conocimiento de los mecanismos en cuestión. Sin embargo, los *reactores sacudidos* pueden funcionar de forma mucho más flexible con respecto al volumen de llenado debido a la ausencia de agitadores. Los *sistemas agitados orbitales* se pueden reducir a mililitros, o teóricamente incluso a la escala de microlitros, si la base de conocimiento para dicha reducción de escala se incrementase. Esta escalabilidad a la escala de microlitros es ciertamente más difícil para sistemas agitados o mixtos de onda. Más abajo (Figura 52), se proporciona una visión general de las escalas disponibles para cada sistema de reactor [58].

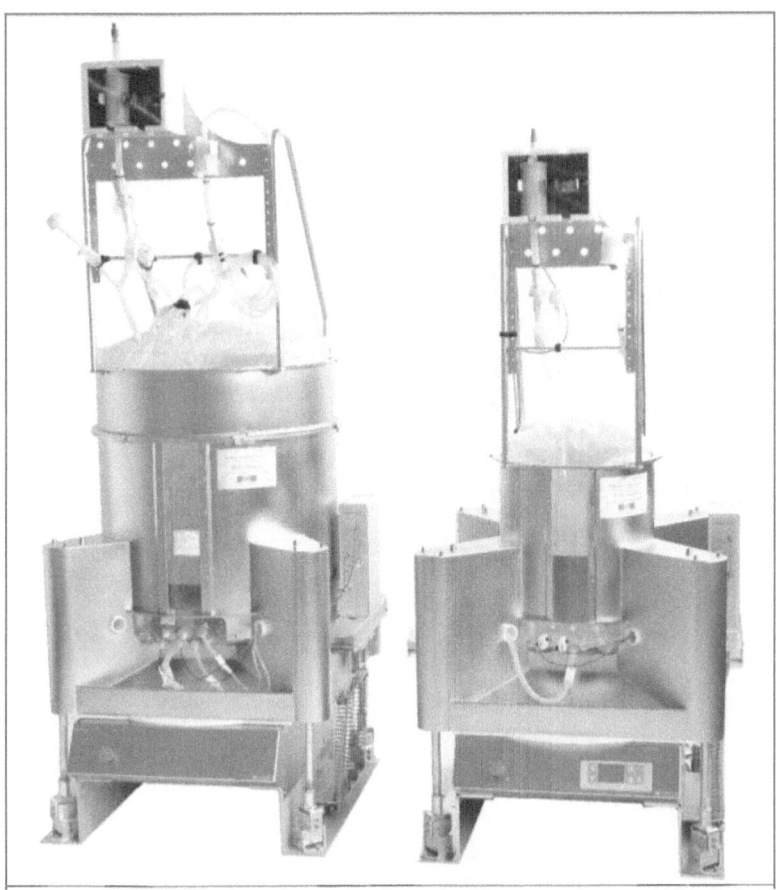

Figura 51. Biorreactores SU de Escala Piloto Movidos por Balanceo. 200 L el de la izquierda, 50 L el de la derecha (Tomado de [60]).

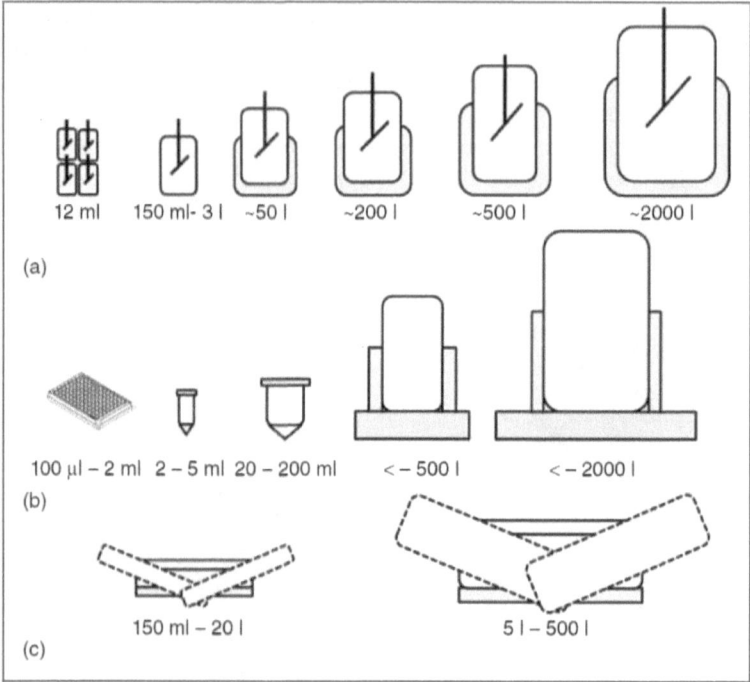

Figura 52. Escalas disponibles comercialmente para los diferentes conceptos de biorreactores que se han estudiado: a) De agitados; b) De sacudidas; c) De balanceo o de olas (Tomado de [43]).

Técnicas a aplicar en el Escalado de los Biorreactores

De acuerdo a lo analizado anteriormente, es necesario que durante el *Proceso de Escalado* se logre alcanzar en el *Biorreactor de Escala Industrial* un ambiente fisiológico e hidrodinámico tan similar como sea posible, al establecido en las etapas de *Banco* o *Piloto*. Las soluciones de ingeniería para ese problema incluyen mantener la *Semejanza Geométrica* siempre que sea posible y además mantener constante uno de los *Criterios* recomendados, tales como la *Potencia por Unidad de Volumen,* el *Coeficiente Volumétrico de Transferencia de Masa* , el *Tiempo de Circulación* u otro [49].

La lógica que respalda estos *Criterios* se basa en que preservar uno de ellos significa mantener la constancia de las características correspondientes del ambiente extracelular en las diferentes escalas. Por lo cual, si esa propiedad ambiental es una de las que más críticamente influencian la deseada productividad microbiana, se obtiene por consiguiente un *Escalado* exitoso y en la realidad un número de sistemas microbianos están en acuerdo con esas técnicas y permiten una operación razonable en la *Escala Industrial*, a partir de lo establecida en las *Escalas de Banco y Piloto*.

Cumplir con estos criterios es difícil en la práctica, sin embargo, durante la revisión de la utilización de los distintos equipos disponibles para el Cambio de Escala (Figura 52), se aprecia que hay muchas alternativas y que se han obtenido éxito tanto para producciones microbianas como para cultivos celulares. Como ejemplo se tiene el trabajo de Mohd Helmi Sani, en el 2016, que comparó el sistema utilizado actualmente para el *Escalado* en la producción de células de mamíferos (Figura 53), con una variantes avanzada en la que se incorporan las *Placas de Micro Pozos (MTP)* (Figura 54). En los experimentos, Sani utilizó también los *Microbiorreactores MicroMatrix* de Applikon, en lugar de las placas *MTP*, con similares resultados. En ambos casos se mantuvo como segunda etapa, el uso de los *Mini Biorreactores (MBR)*.[60]

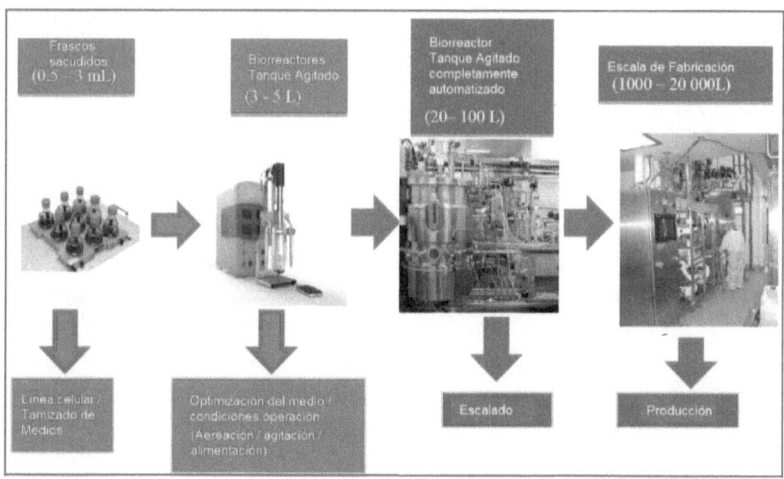

Figura 53. Etapas Convencionales de Escalado de un cultivo celular.

Como resultado final, Sani estableció que "*los reactores de pequeña escala con condiciones de operación optimizadas tienen el potencial de trasladar los resultados a escalas más grandes. La capacidad de los sistemas basados en Micro Pozos (MTP) y Biorreactores en Miniatura (MBR) para imitar el rendimiento de los convencionales de Escala de Banco de 5 L, tipo Tanque Agitado, dio una idea fundamental del rendimiento de cada biorreactor. Además, la versatilidad del HEL-BioXploreTM MBR investigado muestra que el sistema también tiene el potencial para la conversión de escala predictiva a Reactores Convencionales a Escala de Banco. La variación de* *impelentes y burbujeadores posible con el sistema, proporciona la base para una mayor exploración. La posibilidad de que el <u>MBR</u> ejecute <u>4, 8 o 16 biorreactores en paralelo</u> en la misma plataforma, lo convierte e una excelente herramienta de cultivo celular para la configuración de <u>Calidad por Diseño</u>. El desarrollo de diferentes estrategias de alimentación y la optimización de las condiciones operativas y ambientales pueden aplicarse en el enfoque de <u>Diseño de Experimentos (DoE)</u>. Mediante la implementación del <u>DoE</u>, se podría generar una serie de resultados reproducibles que serían beneficiosos en el cultivo de células de mamíferos"* [60].

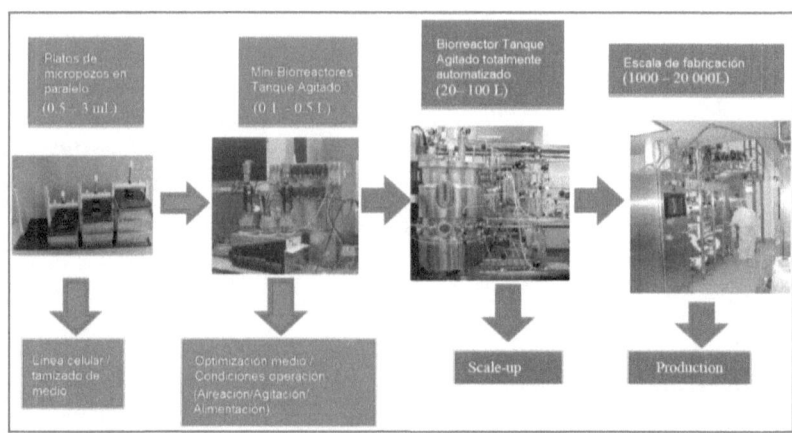

Figura 54. Configuración novedosa para el escalado de células de mamífero.

En resumen, con el desarrollo alcanzado actualmente en equipamiento de *escala reducida* y los nuevos desarrollos para la *Escala Industrial*, como los Biorreactores de un Solo Uso (SUB), se abren muchas posibilidades que facilitan el proceso de Escalado, incluso para los casos más complejos como el cultivo de Células de Mamífero, de Plantas y de Insectos. No obstante, se mantiene la necesidad de aplicar un criterio cuidadoso y *tener en evaluar siempre el mecanismo de agitación, ya que éste proporciona dos funciones relacionadas en un proceso de fermentación aerobia: (i) para proporcionar mezcla, y (ii) para suministrar oxígeno.*[50]

Sobre todo es importante considerar durante el *Escalado de los Biorreactores* que el proceso realmente es muy empírico y no hay que tratar que no ocurran cambios en el régimen de control durante el *aumento de escala*, particularmente si el sistema es controlado sólo por una reacción o sólo por el transporte. Los distintos *Criterios de Escalado*, como *Mantener Constante el Coeficiente de Transferencia de Oxígeno*, que sigue siendo uno de los más utilizados [67], han resultado tanto en ejemplos exitosos como en fracasos. El fracaso de las reglas está relacionado con los cambios en el régimen de control en el aumento de escala. La naturaleza de los límites operativos prácticos para un fermentador aireado y agitado se muestra más abajo

(Figura 55) [47]. Los límites son borrosos, pero lo importante es conocerlos

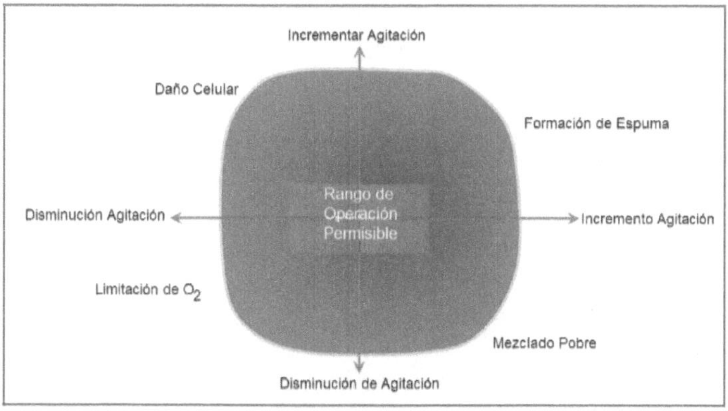

Figura 55. Fronteras prácticas de operación para un fermentador agitado y aireado. (de Shijie Liu).

y tenerlos en cuenta.

Además del caso de los fermentadores clásicos, está a situación de los nuevos equipos desarrollados, para loso cuales todavía quedan muchos aspectos por precisar. Por ejemplo, los experimentos de *Placas de Micro Pozos (MTP)* son un proceso manual, laborioso y lento y como vía de solución de ese problema, ya hay varias alternativas en desarrollo para automatizar todo el proceso de manejo de los líquidos con plataformas robóticas e integrar ese sistema con los sistemas de medición y control. La integración con brazos robóticos reducirá la intensidad de mano de obra de la alimentación manual en MTP, lo que aumentará consecuentemente la precisión de manejo del líquido para el muestreo, la alimentación y el control del pH, minimizando así los riesgos de contaminación y el tiempo requerido para los experimentos. [60].

Finalmente, hay que tener en cuenta que el Biorreactor, aunque es la más importante, es sólo una etapa del proceso de producción, que hay que desarrollar de manera que sean capaces de procesar adecuadamente los productos de las biorreacciones. Es importante considerar que, en muchos casos, la etapa de Purificación de los Productos es la más costosa de todas las etapas del proceso de Producción Biotecnológica, especialmente en la producción de biofármacos.

En general, el entorno de *Escalado* es uno en el que se requieren análisis, conocimiento científico, habilidades microbiológicas, bioquímicas, genéticas y de ingeniería y, lo que es más importante, creatividad. Si la operación de *Escalado* está destinada a escalar a un entorno de producción (*Scaleup*), es necesario comprender las limitaciones del entorno de producción para crear el enfoque efectivo para la operación de *Escalado*. Si la operación de escalamiento pretende generar más producto para la purificación o caracterización, el enfoque deberá enfocarse en el objetivo específico, por ejemplo, el producto proteico que requiere purificación puede imponer restricciones en el rango de opciones medias, de modo que la proteína media no afecte negativamente a los pasos de purificación cromatográfica. Invariablemente, escalar de manera ascendente o descendente (*Scale up/Scale down*), significa descubrir información y datos que ayudan a alimentar una estrategia iterativa para el siguiente paso, independientemente de la Escala o el objetivo que se planee [50].

Ahora bien, no se continúa abundando en esos temas, porque el objetivo de este Capítulo está solamente enfocado a analizar el Escalado de los Biorreactores, como un ejemplo de la aplicación de las Técnicas de Escalado en la Biotecnología.

5 PLANTAS PILOTO

Introducción

En los procesos de la Industria Química y Biotecnológica se han empleado las *Plantas de Escala Piloto* con dos propósitos principales: como precursoras de una *Planta de Producción a Escala Completa* (o de una *Planta Demostrativa*) que no ha sido aún construida, o para estudiar el comportamiento de una *Planta de Producción* ya existente, de la cual la unidad pequeña es una reproducción. En el primer caso se acostumbra denominar las plantas pequeñas como *Plantas Piloto* y en el segundo caso se les denomina *Plantas Modelo*, aunque en realidad esta distinción no tiene mucha importancia práctica. En muchas ocasiones una *Planta Piloto* se mantiene funcionando aún después que se ha construido y puesto en marcha la *Unidad Comercial* de la que fue precursora y pasa entonces esa planta pequeña a trabajar como *Planta Modelo*. A su vez, muchas *Plantas Modelo* se utilizan para desarrollar variantes del proceso que modelan y llegan por tanto a ser precursoras de una nueva planta o de la remodelación profunda de la *Planta Industrial* existente [15].

Además, desde el punto de vista de la *Teoría de los Modelos* y el *Escalado*, lo importante no es si el prototipo existe antes o después que el modelo, ya que en realidad los procesos de *Escalado Ascendente (Scaleup) y Descendente (Scale down)* no son más que partes de un único proceso de Escalado. Por todo lo antes expuesto y considerando la mayor complejidad de la tarea de desarrollar (o utilizar) una *Planta Piloto*, este capítulo tratará en especial de ese tipo de plantas, con lo cual se cubren también los objetivos requeridos para el desarrollo y utilización de las *Plantas Modelo* [15].

Otro elemento a tener en cuenta es que en muchos complejos industriales se cuenta con *Plantas Piloto* estándares, con equipamiento flexible que se adapta a los procesos que se producen en dicho complejo y también hay firmas que cuentan con *Plantas Piloto* flexibles que se ofertan para los procesos de *Escalado*. Como la *Planta Piloto* es la *Etapa* más cara de todo el *Proceso de Escalado*, tener *Planta*s que sean de multipropósito, contribuye sensiblemente a reducir el costo total del *Proceso de Escalado*. También se ha comenzado a introducir la subcontratación de la construcción de dichas plantas [68].

La subcontratación desempeñará un papel creciente en la complementación o el reemplazo de los recursos internos que se requieren para el diseño, construcción, puesta en marcha y operación de las Plantas Piloto. Eso está motivado por el deseo de las empresas de ser más eficientes y receptivas y de minimizar los compromisos con recursos internos a más largo plazo y tendrá sus limitaciones en los peligros que tiene para las empresas la pérdida de *"know how"* que puede implicar ese proceso. Por eso se ha desarrollado una variante en la cual se encarga a una instalación de la propia empresa, el diseño y construcción de la Planta Piloto, asesorados por los especialistas del proceso que hay que escalar y se procede posteriormente al traslado de la *Planta Piloto*, a la unidad de la empresa que la va a utilizar.(Figura 56) [68].

Figura 56. Planta Piloto montada en una estructura transportable, construida en una instalación de la Empresa, que se envía a otro sitio de la misma organización

También hay empresas e instituciones, con o sin fines de lucro que disponen de instalaciones para realizar trabajos de *Planta Piloto*, los cuales pueden alquilar a los usuarios o realizar directamente ellos las labores de *Escalado*. Como ejemplo está *Mid-Atlantic Technology, Research and Innovation*

Center (MATRIC), situado en South Charleston, West Virginia. Este centro cuenta, además de un *Laboratorio Central para las Escalas de Laboratorio y Banco*, de un edificio, originalmente construido para ser un laboratorio de alta presión y una instalación de *Plantas Piloto* (Figura 57) [69]. El edificio tiene 24 celdas de operación que varían en longitud, ancho y altura para ser utilizadas para experimentación a gran y pequeña escala y *Unidades Piloto*. Estas celdas están separadas del área de operación por una pared reforzada de acero y concreto de 15 pulgadas. También hay un Área Piloto a gran escala que mide 12 pies de profundidad por 40 pies de ancho y aproximadamente 40 pies de alto. Incluido en este edificio están cuatro laboratorios, 5 oficinas y dos talleres de mantenimiento y cuenta con una gama completa de servicio (agua, electricidad, aire de instrumentos, vapor de agua, servicio de alcantarillado, etc.). Estas instalaciones son un ejemplo de muchas existentes en el mundo, que se unen a las muchas *Instalaciones Piloto* que están dentro de las empresas.

Figura 57. Edificio para Plantas Piloto de MATRIC. (Tomado de [69]).

El papel de la Planta Piloto

En julio del 2009, en el *Congreso Mundial de Ingeniería Química* (**WCCE**) en Glasgow, Escocia, se presentaron por primera vez los resultados de un estudio comparativo de las plantas pilotos que hizo el *Asociación Norteamericana de Ingenieros Químicos* (**AIChE**) a una audiencia abierta, en la que participaron 30 empresas de todas las industrias de productos químicos, especialidades químicas, farmacéuticas y petróleo y gas en América del Norte. Fue un proyecto de tres años completado por la División de Desarrollo de Procesos de la AIChE a fines del 2008 [70].

Una de los temas investigados fueron las razones por las cuales las compañías deciden probar en *Plantas Piloto* procesos nuevos y mejorados.

Como era de esperar, esas razones varían en todos los sectores de la industria. De forma general, se trabajan las *Plantas Piloto* para demostrar la viabilidad de nuevos procesos, para generar datos de diseño o para producir muestras de desarrollo de mercado del producto (Figura 58) aunque los diferentes sectores tienen diferentes prioridades. En la Industria Farmacéutica le da el peso mayor a la producción de muestra. Esto, sin embargo, es mucho menos importante para el sector del petróleo y el gas, cuyo interés principal son las pruebas de viabilidad de nuevos procesos y generar datos de diseño confiables.

Figura 58. La planta piloto como centro fundamental para evaluación de procesos, generación de datos o fabricación de muestras. (Tomado de [70]).

Del mismo modo, los sectores mostraron diferencias claras en la forma en que deciden qué procesos potenciales deberían pasar a la *Planta Piloto*. Los enfoques incluyen: optar por probar todos los procesos, utilizar un proceso formal de evaluación de riesgos, tomar decisiones basadas en un equipo informal o juicio individual, llevar a cabo un proceso de revisión sistemática o confiar en "*puertas de etapa*" en las etapas específicas del proceso de desarrollo, que deben completarse antes de pasar al siguiente paso. El sector que prefiere utilizar el pilotaje para el desarrollo de todos los procesos es el farmacéutico, en el cual el 57% de los encuestados señalaron que su empresa eligió esa ruta. Por otro lado, la industria de productos químicos a granel, opina de forma abrumadora que la decisión de utilizar la Planta Piloto debe ser basada en una evaluación de riesgos formal del proceso en cuestión.

También se pudo comprobar de la encuesta y de la discusión conjunta posterior que al mismo tiempo que las Plantas Piloto se han reducido en términos del tamaño del reactor, hay un impulso creciente para más recolección de datos y análisis en línea en las plantas. Cumpliendo con esos dos objetivos se han introducido nuevas herramientas, como la que probó con éxito el fabricante de productos químicos especializados *Clariant Chemicals* en su planta de Leeds, Reino Unido, donde utilizó un calorímetro de reacción de flujo constante patentado, desarrollado por *Ashe Morris, Radlett*, Reino Unido (Figura 59).

Figura 59. Calorímetro de reacción de "flujo constante" instalado en la Planta Piloto de la firma Clariant Chemicals en Leeds, Reino Unido. (Tomado de [70]).

En resumen, la necesidad de las Plantas Piloto se mantendrá ya que siempre hay necesidad de desarrollar nuevos productos o mejorar los que se tienen. El ciclo de vida de los productos obliga a ese desarrollo continuo. Para mantenerse en el negocio, la empresa tiene necesita un flujo constante de nuevas ideas (Figura 60) [71].

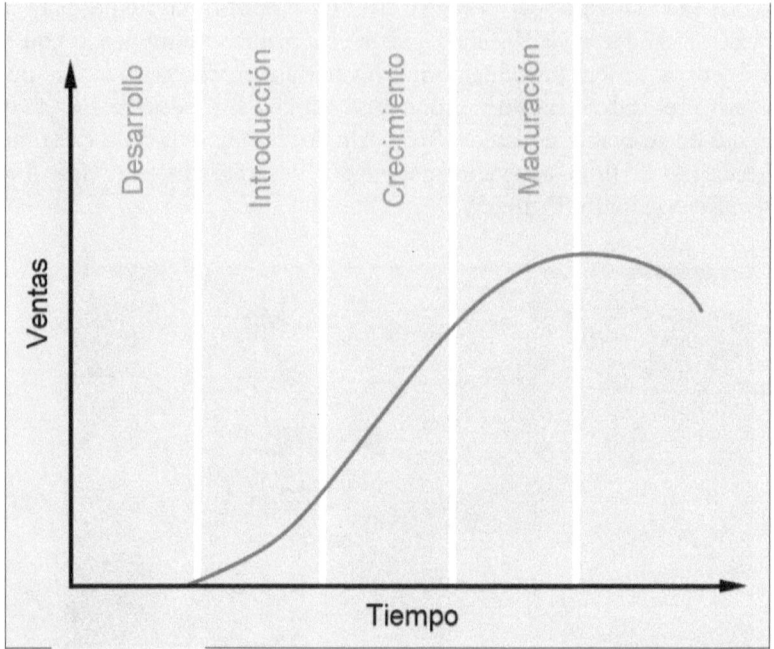

Figura 60. El ciclo de vida de un producto. Para mantenerse en el negocio, una empresa necesita un flujo constante de nuevas ideas (Tomado de [71]).

Finalmente se muestra un resumen de las tareas que las Plantas Piloto realizan durante la etapa final del desarrollo de un proceso [72]:

- Producir materias primas y productos intermedios para suministrar más trabajo de desarrollo.
- Producir cantidades de nuevos compuestos desarrollados para evaluación, pruebas de toxicidad, estudios de seguridad y estabilidad, ensayos clínicos e introducción en el mercado. A menudo, los primeros kilogramos de un nuevo compuesto son los más difíciles de realizar, ya que aún no se ha desarrollado una ruta optimizada.
- Demostrar que los procesos pueden ampliarse con éxito y que no existen ramificaciones inesperadas de tiempos de operación prolongados, tasas más lentas de adición o efectos de mezcla a mayor escala.
- Asegurar de que no se hayan pasado por alto detalles importantes.
- Probar los efectos del uso de materias primas y solventes de grado comercial.

- Identificar las mejores formas de manejar y analizar los reactivos, intermedios, productos, corrientes de desechos y gases residuales.
- Verificar el efecto de la acumulación de impurezas en las corrientes de reciclaje y otros efectos a largo plazo.
- Probar materiales de construcción.
- Completar un balance de masa más detallado y obtener mejores estimados del rendimiento y la generación de flujo de efluentes.
- Estimar mejor los costos del proceso y aumentar la confianza de la administración, en la inversión para la producción a gran escala.
- Obtener datos de diseño y parámetros de operación óptimos para especificar equipos de mayor escala.
- Capacitar a los miembros del equipo de transferencia de tecnología que se preparan para la producción comercial.
- Ayudar a desarrollar el procedimiento operativo completo y detallado para la transferencia a la fabricación.

Tipos de Plantas Piloto

Existen dos tipos fundamentales de *Plantas Piloto*, las <u>Multipropósito</u> y las de <u>*Tipo Específica o Unipropósito*</u> [73]. Hay autores que señalan otro tipo más de planta, las de *Tipo General* [74], aunque realmente las de tipo general no son más que una variante de las multipropósito, por lo cual en este texto se considerarán solamente loa dos tipos antes mencionados: *multipropósito* y *unipropósito*.

- *Plantas Piloto multipropósito*

Este tipo se caracteriza por contar con una instalación o edificio, con el nombre genérico de *Planta Piloto*, lleno de equipos de proceso diversos (tanques, reactores, columnas, intercambiadores de calor, centrífugas, secadores, bombas, etc.) disponibles todos para unirse en la configuración deseada para los trabajos específicos, o para utilizarse para *escalar* una operación específica.

Esas facilidades para pruebas son especialmente útiles para operaciones discontinuas y programas de objetivo único. Como regla general los tamaños de los reactores están en el rango desde 20 a 2000 litros, las columnas entre 100 y 300 mm de diámetro y los materiales de construcción son principalmente, acero inoxidable y acero recubierto con vidrio. En ocasiones se instalan también unidades de destilación totalmente de vidrio y cuentan con equipos especializados como tubos de intercambiadores de calor de tántalo, reactores recubiertos con titanio y equipos con aleaciones especiales, aunque generalmente este tipo de equipamiento han quedado de proyectos pilotos anteriores.

Las plantas mayores de este tipo se hallan en Europa, para las cuales se han construido grandes edificios con todas las facilidades auxiliares disponibles en su conjunto y están provistas de filas de reactores, de diferente tamaño, normalmente de acero inoxidable o acero recubierto con vidrio, con conjuntos de destilación individuales, tanques de alimentación y recepción, bombas, instrumentación, aparatos de separación, secadores de diverso tipo y los medios necesarios para interconectar prácticamente cualquier cosa. Más abajo se muestra un conjunto de reactores que trabajan por separado, en paralelo. Una computadora controla cada uno y se pueden realizar series de experimentos, cambiando temperatura, presión y composición del catalizador (Figura 61) [75].

Figura 61. Conjuntos de reactores discontinuos que trabajan por separado en paralelo, de una Planta Piloto Multipropósito.

Ese tipo de plantas resulta muy cara en su concepción inicial, pero después de construida, cubre prácticamente todas las necesidades posibles de los ingenieros de *Plantas Piloto* y, cuando es necesario realizar una corrida de *Planta Piloto* en específico, los gastos en equipos son prácticamente nulos, limitándose a alguna reconstrucción de tuberías. El uso de este tipo de plantas lleva a la necesidad de que los equipos cumplan diferentes tareas en diferentes proyectos y para ello hay que tener en cuenta dos puntos importantes:

1. Hay que asegurarse que cada configuración tenga todos los dispositivos de seguridad necesarios para cada reacción específica. Por ejemplo: ¿Están los discos de ruptura o válvulas de seguridad ajustadas para que accionen a la presión requerida y son del diámetro correcto? ¿Existen restricciones en la línea de venteo o es ésta demasiado larga? ¿Puede suministrar el condensador de la columna, la carga de enfriamiento esperada? ¿Se cuenta con sistemas secundarios de seguridad tales como sistemas de drenaje total rápido o de enfriamiento súbito (*quench*)? ¿Puede este equipo operarse de forma segura con independencia de cómo se desarrolle la reacción química?

2- Hay que estar seguro de que la instalación esté suficientemente instrumentada para que pueda suministrar los datos de diseño necesarios.

Normalmente las instalaciones permanentes tienen los sensores para indicar, registrar o controlar la temperatura de la chaqueta de los reactores (mediante vapor o flujo de un medio de enfriamiento y calentamiento), temperaturas internas, presión interna, caída de presión a través de la columna, temperatura en el tope de la columna y temperatura de salida del condensador y ocasionalmente se mide también la potencia del agitador. Cuando se tiene disponible instrumentación adicional es porque quedó instalado de un trabajo anterior de la instalación.

Cuando se analice lo relacionado con la instrumentación que se requiere se debe tener en cuenta los requisitos con relación a la velocidad, sensibilidad y precisión de la respuesta de los instrumentos; localización de los puntos sensores; selección entre indicación local o remota; velocidad de búsqueda y análisis de la información y las funciones de control que se requieren.

- *Plantas Piloto específicas o unipropósito*

En una de ese tipo, los equipos se instalan y se interconectan con tuberías para realizar el trabajo específico requerido por el proyecto, de manera muy similar a como estaría montada la planta a escala comercial. Un ejemplo de *Planta Piloto Específica* puede ser una instalación experimental para probar el proceso de obtención de un nuevo polímero y a la vez producir cantidades apreciables de dicho producto. Esa planta debe consistir en un reactor diseñado especialmente para producir el monómero, un sistema de reciclo de productos intermedios, una sección de recuperación de solventes, una cadena de purificación, la sección de polimerización, el secador, el equipo de reducción de tamaño y los dispositivos para la manipulación de los materiales y su embalaje Más abajo se muestra una Planta Piloto hecha para un proceso específico (Figura 62) [75].

Figura 62. Planta piloto para el nuevo proceso OMEGA para hacer etano-1,2-diol. de Shell International Ltd.(Tomado de [75]).

En ese caso se construye una versión muy especial a pequeña escala, de la planta grande, o sea un verdadero modelo, lo cual resulta obviamente más caro que unir diferentes piezas de una planta multipropósito. Sin embargo, este modo de proceder tiene algunas ventajas reales, como son:

1- El *Escalado Ascendente* (*scale-up*) será más directo, debido a la semejanza del equipamiento utilizado.

2- El entrenamiento de los ingenieros de plantas y supervisores será más realista y útil.

3- La *Planta Piloto* quedará disponible para más trabajo experimental cuando la *Planta a Escala Total* entre en funcionamiento, lo que permite su empleo para resolver problemas específicos del proceso, incluso empleando corrientes reales de la planta.

4- La unidad específica puede ser montada sobre esquíes y transportada hasta el lugar donde se instalará la planta definitiva para entrenamiento del personal y para la solución de problemas (Figura 56).

5- El personal de dirección puede ser más comprensivo con el costo y necesidad de la planta piloto si puede visualizar la relación física entre la planta piloto y la planta grande.

Personal necesario para la Planta Piloto

La selección del personal para dirigir y operar una planta piloto debe ser muy cuidadosa, en consideración a la naturaleza especial de este trabajo, que trata siempre con procesos de producción novedosos, de los cuales no hay experiencia previa. Al frente de la planta debe estar un *jefe de proyecto*, el cual debe ser una persona a la cual le sea familiar tanto el proceso químico como el equipamiento, capaz de supervisar la operación de la planta en su conjunto.

Al equipo de dirección de la planta debe incorporarse un *químico*, *bioquímico o microbiólogo*, según el caso, que haya sido miembro del equipo de investigación que trabajó en las etapas de *Laboratorio* y *Banco*, de forma tal que pueda dar asistencia diaria en cualquier problema relacionado con su especialidad, sobre todo si la *química/bioquímica/microbiología* del proceso es muy compleja, si hay procedimientos especiales de operación y si hay involucrados riesgos no comunes. Esta persona deberá ser un puente entre el colectivo que realizó el trabajo desde el *Laboratorio* y el que se encarga del trabajo a *Escala Piloto*.

Para la supervisión directa del proceso debe haber un equipo de ingenieros de proceso, cuyo número estará en dependencia del número de turnos que trabaje la planta en un día. Por ejemplo, si la misma trabajará solamente de 6 a 10 horas por día y si es sólo de moderada complejidad, bastará con un solo ingeniero, pero si es una planta continua y que consiste en una cadena de equipos, se necesitarán entre 6 y 9 ingenieros.

La tarea de esos ingenieros es asegurar que: se controlen adecuadamente las corrientes de alimentación; funcionen correctamente las bombas y otros equipos auxiliares; las temperaturas, presiones, niveles, amperajes y flujos estén en los valores fijados apropiados y que en general, cada cosa esté funcionando como fue diseñada. Entre sus funciones puede estar también la ejecución de operaciones manuales de los equipos y de hecho los ingenieros de proceso pueden hacer la mayor parte de la operación de la *Planta Piloto*, en dependencia de la magnitud y complejidad de la misma.

No obstante lo anterior, casi siempre es necesario contar con *personal de operación*, los cuales debe ser preferentemente *técnicos calificados* y su número también estará en dependencia del tipo de proceso y la complejidad del equipamiento. Para esa definición es de gran ayuda poder contar con una planificación previa de los experimentos a realizar, en la cual se hayan analizado con cuidado las diferentes tareas que hay que cumplir, ya que así se está en condiciones de definir cuántos operadores son necesarios para que la planta funcione correctamente y de forma segura.

En la práctica es preferible estimar en exceso el personal necesario para la puesta en marcha de la planta piloto y si después se comprueba que no todos son necesarios, pasar los excedentes a otras labores, que correr el riesgo de no contar con rapidez con el personal necesario ante cualquier contingencia.

Finalmente es aconsejable, contar con por lo menos un *Especialista de Mantenimiento* asignado a la planta e incluso más de uno si se trata de una planta compleja que funciona las 24 horas del día. El hecho de que la *Planta Piloto* es una configuración experimental de equipos en la cual, sin dudas, será necesario realizar cambios durante el desarrollo de los trabajos, sobre todo en la etapa inicial del proyecto, hace mayor la necesidad de contar con un personal de mantenimiento propio.

El resultado de esta concentración de personal altamente calificado es un elevado costo de operación (se estima que el costo de operación equivale aproximadamente al 30% del costo del equipamiento de la planta [74]), pero esto obviamente es imprescindible si se quiere garantizar la mayor posibilidad de éxito de la planta. Escatimar en la fuerza de trabajo, ya sea por su elevado costo o por una supuesta falta de disponibilidad, tendrá el mismo efecto que hacerlo con el equipamiento o la materia prima: una marcada reducción de la probabilidad de lograr los resultados esperados con el funcionamiento de la Planta Piloto.

De hecho, si el programa de experimentos previsto para el tiempo de funcionamiento de la *Planta* no llegara a cumplirse por no haberse operado correctamente la misma y fuese necesario por ello realizar trabajos de pilotaje adicionales, el incremento de los costos será mucho mayor que lo que hubiera significado haber contado inicialmente con una mayor cantidad y calificación del personal de dirección y operación de la planta.

Costo de la Planta Piloto

Estimar el costo de capital para las *Plantas Piloto* es difícil y es el tema más desafiante en el proceso de diseño de la planta. A diferencia de las estimaciones de costos para *Plantas de Proceso a Gran Escala*, las estimaciones de los costos de la *Planta Piloto* generalmente se realizan antes de que el diseño se complete, porque la tecnología, el equipo y el proceso no se comprenden completamente y la química que aún podría estar bajo investigación, se tiene que usar comúnmente.

El costo de las *Plantas Piloto* se puede estimar basándose en el cálculo de costos para versiones reducidas de *Plantas de Gran Escala*, sin considerar algunos de los componentes de costos que no están directamente relacionados con la operación del proceso, como edificios de proceso, edificios administrativos, laboratorios, transporte y transporte , utilidades, almacenes y otras partes permanentes de la *Planta a Gran Escala*. Los cálculos de los estimados de costos se pueden basar en cuatro métodos básicos: (1) Semejanza, (2) Relaciones de costos, (3) Relaciones de materiales o costo de mano de obra, y (4) Materiales de trabajo detallados [74].

El costo directo de una *Planta Piloto* implica la compra de equipos, instalación de equipos, sistemas de instrumentación y control, tuberías, equipos eléctricos, instalaciones de servicio y terrenos. Los costos indirectos son: ingeniería y supervisión, gastos de construcción, honorarios del contratista y contingencia. Esta breve explicación de los costos estimados presentados se basa en la descripción hecha en el clásico ***"Plant Design and Economics for Chemical Engineers"*** , en su 5ta. Edición de 2003 [76]:

El costo del equipo para *Plantas Piloto* se puede estimar utilizando la relación logarítmica conocida como la *Regla del Factor de los 6 Décimos*. Esta regla es útil en la estimación de costos cuando no hay datos disponibles para equipos de un tamaño particular. Si se conoce el costo de una unidad determinada a una capacidad, el costo de una unidad similar con X veces la capacidad de la primera es alrededor $(X)^{0.6}$ veces el costo de la unidad inicial.

$$Costo_A = Costo_B \left(\frac{Cap_A}{Cap_B}\right)^{0.6}$$

Esta ecuación indica un diagrama log-log de la capacidad frente al costo, con una línea recta que tiene una pendiente de 0.6 (Figura 63). [76] No obstante, aunque se mantiene la relación exponencial, en realidad el coeficiente no siempre es 0.6, sino que para algunos equipos varía desde menos de 0.2 hasta más de 1.0 [76]. Como ejemplo de esas variaciones, más abajo se muestra una Tabla con varios equipos, en la que se define el coeficiente para cada uno de ellos, en un rango de capacidad dado (Tabla 7) [76].

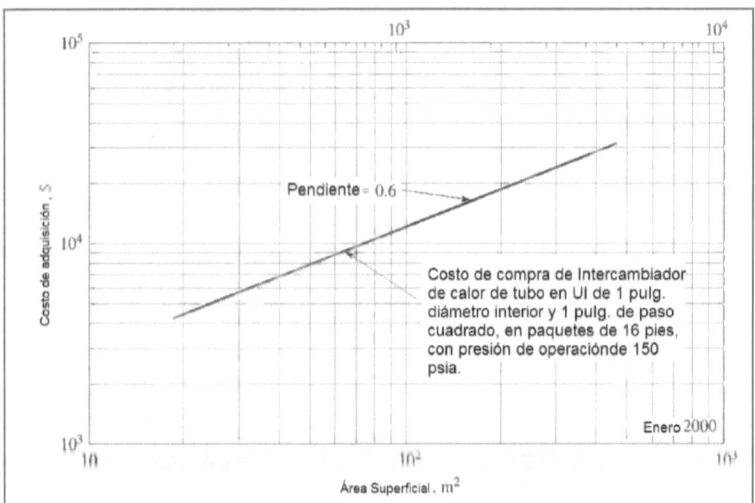

Figura 63. Gráfico logarítmico del costo de un intercambiador en U, que cumple con la ley de las 6 décimas [tomado de]76]).

Al usar la ecuación anterior, se debe tener cuidado al decidir la similitud con respecto al tipo de construcción, los materiales de construcción, la temperatura y el rango de operación. Además, los precios anteriores se basan en las condiciones en algún momento del pasado. Para obtener el costo que tienen esos equipos en el momento en que se necesita, se utilizan los *Índices de Costos*. Si se conoce el costo en algún momento en el pasado, se puede determinar el costo equivalente en el momento actual, mediante la siguiente ecuación [76]:

$$Costo_{actual} = Costo_{Original} \left(\frac{Indice_{actual}}{Indice_{en\ tiempo\ original}} \right)$$

Existen diferentes tipos de *Índices de Costos*, para estimar costos de equipos, mano de obra, construcción, materiales u otros campos especializados. Los índices más comunes son: (1) *Índice de Marshall & Swift* para las industrias e industrias de procesos; (2) *Índice Engineering News-Record*, para la construcción; (3) *Índice Nelson-Farrar* de construcción de refinerías; (4) *Índice de Costos para las Plantas de Ingeniería Química*. Los valores actualizados de esos índices, así como índices históricos que facilitan las comparaciones, se presentan en las últimas páginas de la revista *Chemical Engineering*.

Tabla 7. Ejemplo de exponentes de la ecuación de incremento del costo en función del aumento de capacidad de los equipos. (Adaptado y traducido de [74] y [76]).

Equipo	Ranto de tamaño	Exponente
Mezclador	50 - 250 ft^2	0.49
Compresor reciprocante, enfriado por aire, dos etapas, descarga 150 psi.	10 - 400 fr^3/min	0.69
Secador de tambor ,1 atmósfera	10 - 10^2 ft^2	0.40
Ventilador centrífugo	10^3 - 10^4 ft^3/min	0.44
Intercambiador de calor, coraza y tubo, cabezal flotante	100 - 400 ft^2	0.60
Marmita, hierro fundido, con chaqueta	250 - 800 gal.	0.27
Motor, jaula de ardilla, inducción, 440 V, a prueba de explosión	5 - 20 hp	0.99
Bomba, reciprocante, horizontal, hierro fundido (incluye motor)	2 - 100 gpm	0.34
Reactor, cubierto de vidrio, con chaqueta	50 - 600 galones	0.54
Separador, centrífugo	50 - 250 ft^3	0.49
Tanque, cabeza plana, acero al carbono	10^2 - 10^4 galones	0.57
Torre, acero al carbono	10^3 - 2 x 10^6 libras	0.62
Plato, campanas de burbujeo, acero al carbono	3 - 10 ft diámetro	1.20

A los costos de equipamiento hay que añadir otros costos como costos de instalación, tuberías, aislamiento, instrumentación, instalaciones eléctricas y de servicios, etc., todos los cuales se hallan en el mencionado *Peters et al.* [76], u otro textos de Ingeniería y no se presentarán en este texto.

Diseño, Operación y Seguridad de las Plantas Piloto

- *Diseño de la Planta Piloto*

El diseño debe acomodar un rango suficientemente amplio de variables operativas, como la presión y la temperatura, de manera que pueda permitir estudiar con confianza el efecto de estas variables durante el *Escalado*. Como el propósito de la *Planta Piloto* es proporcionar información para el diseño de la *Planta a Gran Escala*, la planta se debe diseñar y operar de forma tal que brinde información en la que se pueda confiar y que se ajuste a los métodos de diseño establecidos. Más abajo se muestra una *Planta Piloto Modular*, formada por un *Reactor Catalítico* y una *Columna de Destilación* (Figura 64) [77], diseñada para obtener el máximo de información posible del trabajo de esos dos equipos.

Figura 64. Reactor catalítico con Columna de Destilación de Zeton Inc. & Pacific Northwest National Laboratory (Tomado de [77]).

En la medida de lo posible, el proceso debe modelarse y los resultados experimentales deben compararse con el modelo, a medida que se obtienen. Las características importantes de dicho modelo son el Balance de Masas y Energía y las relaciones de caída de presión, la Cinética de Reacción y los Modelos de las Unidades de Operación[74]

Un problema particular en el diseño de la *Planta Piloto* es la aplicación de estándares y códigos. En general, estos están formulados teniendo en cuenta las *Plantas a Gran Escala*, lo que en ocasiones puede presentar dificultades para el diseñador de la *Planta Piloto*. Los estándares a ser aplicados se deben declarar en una etapa temprana del diseño y cualquier conflicto potencial se debe identificar, ya sea entre diferentes estándares o entre un estándar y el diseño.

El enfoque debe ser evaluar el impacto de las Normas en los aspectos de Seguridad, Higiene Industrial y Medioambientales de la planta, evaluar los riesgos y desarrollar estrategias alternativas, buscar revisiones independientes y probar conceptos de diseño desde el principio, para examinar la especificación a verificar. De esa forma se puede definir si las características que causan conflicto con los estándares son estrictamente necesarias, y negociar con las partes para lograr soluciones.

Dado que el objetivo de una *Planta Piloto* es ampliar el conocimiento y tratar problemas novedosos, éstas deben ser flexibles. Dicha flexibilidad incluye la provisión de equipos intrínsecamente flexibles, una gama de equipos y materiales de construcción, y un diseño que agrupe los elementos que con mayor frecuencia deben conectarse, evitando así largos recorridos de tuberías.

Los principios básicos del diseño de las *Plantas a Gran Escala* también se aplican a las *Plantas Piloto*, pero algunas características asumen una importancia particular. Una característica que acabamos de mencionar es la disposición para minimizar la longitud de las tuberías y garantizar una disposición conveniente de los elementos principales del equipo. Otra característica es garantizar un buen acceso, que incluye tanto el acceso a los elementos del equipo como la minimización de la probabilidad de daño inadvertido a la planta o el funcionamiento de los controles a medida que el personal se desplaza sobre pasajes congestionados. Estrechamente relacionado está la minimización del daño por objetos caídos [74].

Otra característica es la identificación clara de los equipos. Un aspecto es el etiquetado de tanques y recipientes que contienen materiales de proceso, ya que la identificación errónea de los materiales es un riesgo importante de error de la operación de la *Planta Piloto*. Otro aspecto es el etiquetado y la codificación de los equipos que pueden necesitar ser trabajados y que pueden contener materiales nocivos. Otra característica es la disposición para recoger y eliminar fugas de líquidos. Una quinta característica es la provisión de barricadas protectoras contra "*misiles*" (en este caso se consideran "*misiles*" los objetos desprendidos por una explosión, como vástagos de válvulas, fragmentos de reactor, etc.) así como contra chorros de vapor a alta presión, que pueden ser casi tan dañinos. En algunos casos, esto conduce a un diseño en el que el espacio de la *Planta Piloto* se divide en celdas separadas, como es el caso de la P*lanta Multipropósito* mostrada en la Figura 57, que cuenta con celdas separadas entre sí y del resto del área de operación, por una pared reforzada de acero y concreto de 15 pulgadas [69.

- *Operación de la Planta Piloto*

La magnitud del peligro en una *Planta Piloto* es menor que en la *Escala Completa*, pero sin embargo las operaciones tienden a ser más exigentes. Los materiales, el proceso, el equipo, la planta y los procedimientos son relativamente desconocidos. El equipo operativo necesita un liderazgo fuerte y personal experimentado. Al igual que con el funcionamiento de la planta en general, el entrenamiento es crítico. Muchos de los temas mencionados en este apéndice implican la necesidad de capacitación. También se requiere capacitación para el personal de administración e investigación. Este personal se utiliza normalmente para situaciones de *Laboratorio*, por lo cual necesitan familiarizarse con las peculiaridades de la disciplina de las *Plantas Piloto*.

Deben identificarse las operaciones a realizar y para cada una debe desarrollarse un procedimiento operativo adecuado, el cual debe ser examinado desde el punto de vista de la seguridad. Las operaciones que pueden aumentar considerablemente en el trabajo de la *Planta Piloto* incluyen: operaciones manuales; operaciones de reactores; muestreo y actividades de medición. También es necesario que haya procedimientos de emergencia adecuados.

A pesar de la menor escala que en la *Planta Comercial*, es deseable cumplir con cierta formalidad en la operación de la *Planta Piloto*. Por ejemplo, debe haber una especificación formal para las materias primas, productos intermedios y productos, para el rendimiento y el rendimiento, para los objetivos de costo y para la fecha de finalización. Se deben mantener registros del progreso del proyecto durante la etapa de la *Planta Piloto*, de los problemas y peligros encontrados, de los pasos tomados para resolver los problemas y para eliminar o controlar los peligros.

Los datos necesarios para el diseño de la *Planta a Gran Escala* deben estar documentados y la información recopilada y registrada. Los procedimientos operativos desarrollados, incluidos los procedimientos de emergencia, deben documentarse adecuadamente. Hay que recalcar que esto debe incluir cualquier problema y peligro que se encuentre y la respuesta que se haya recibido.

Finalmente, se debe considerar que por su naturaleza, una *Planta Piloto* puede estar sujeta a un funcionamiento intermitente, con períodos en los que no se utiliza. A menudo, una *Planta Piloto* se cierra y se "*desarma*" durante un período prolongado. Si esto es una posibilidad, debe tenerse en cuenta en el diseño. Al comienzo de dicho cierre, se deben tomar medidas para evitar el deterioro, incluida la limpieza y el enjuague de la planta. En la posterior puesta en servicio, se debe tener cuidado para identificar los riesgos que pueden surgir del apagado prolongado.

- *Seguridad de la Planta Piloto*

Un accidente en una *Planta Piloto*, al igual que en un *Laboratorio*, generalmente es a una escala mucho menor que una en una *Planta a Gran Escala*, pero también puede dar lugar a considerables pérdidas directas e indirectas. La seguridad en las *Plantas Piloto* se ocupa de los procedimientos, lo que incluye: transferencia de información de los investigadores que desarrollaron el proceso a *Escala de Laboratorio y Banco*; identificación de peligros; diseño del proceso; diseño mecánico; proceso de revisión del diseño en su conjunto; análisis de los posibles efectos del incremento de *escala de operación*; revisión de las normas de ingeniería para materiales inflamables, explosivos, corrosivos y tóxicos y para la protección radiológica si es pertinente; procedimientos de mantenimiento; diseño de procesos de alta presión y alta temperatura. En general, para asegurar la seguridad del diseño y operación de una *Planta Piloto*, debe seguirse el mismo enfoque que se adopta para una *Planta a Escala Real*.

Debe haber un sistema de revisiones de seguridad del proyecto, que se adapte a las condiciones específicas del diseño y operación de la *Planta Piloto*, que debe cumplir con todos los requisitos formales y debe estar bien documentado. Se deben utilizar los métodos tradicionales de *Identificación de Peligros*, para descubrir los peligros potenciales en el diseño y la operación de la planta, además de aplicar procedimientos de *Identificación de Peligros* que son particularmente relevantes para las *Plantas Piloto*. La información sobre los productos químicos manejados, las reacciones involucradas y los materiales de construcción para la planta deben ser tan completos y documentados como prácticos.

La transferencia de información del personal de desarrollo de las escalas anteriores, a la dirección técnica de la *Planta Piloto*, debe estar regulada por procedimientos formales. Esa información debe proporcionar una descripción completa del proceso, incluida la Cinética de Reacción y los Calores de Reacción, los límites de los parámetros de operación, como la presión y la temperatura, y los procedimientos y precauciones adoptados, todo en dependencia del proceso específico que se esté escalando [74].

Antes de terminar este tema es importante recalcar la importancia que tiene que los ingenieros de la Planta Piloto estudien a fondo los informes de investigación de las *Escalas de Laboratorio y Banco* al detalle, para visualizar los problemas que pueden surgir a escala de la *Planta Piloto*. Las reacciones químicas del proceso se deben cribar para identificar cualquier reacción exotérmica que pueda conducir a una reacción fuera de control.

Esto es muy importante en el caso de reacciones químicas que pudieran comportarse bien a *Escala de Banco*, pero salirse de control a *Escala Piloto*. Para ese estudio resultan muy útiles los *Calorímetros*, como los de *Mettler Toledo* que se vieron en el Capítulo 2 (Figuras 18, 19, 20 y21), que pueden ser utilizados tanto a *Escala Piloto* como *Industrial* y equipos piloto como el *Reactor* Calorímetro de "*flujo constante*" instalado en la Planta Piloto de la firma *Clariant Chemicals* en Leeds, Reino Unido (Figura 59).

En resumen, si se ha realizado un diseño y construcción adecuados, se siguen todos los procedimientos establecidos, se asegura la capacitación adecuada de todo el personal que trabaja en la Planta Piloto y se mantiene una disciplina estricta durante todo el proceso de Escalado Piloto, <u>se puede asegurar el éxito de esta importante Etapa, que finaliza el proceso de llevar los resultados obtenidos a la *Escala de Laboratorio*, hasta la *Producción Industrial*</u>.

BIBLIOGRAFÍA

[1] Jason S. Crater y Jefferson C. Lievense, «Scale-up of industrial microbial processes», *FEMS Microbiol. Lett.*, n.º 365, 2018.
[2] Aruna Manipura, «Scale Up in Biotechnology», presentado en 1st National Biotechnology Conference, Colombo, Sri Lanka, 2014.
[3] Carlo Pirola, «Main Guidelines of Scale up methodology», presentado en Course Industrial Processes and Scale-up, Milano, Italia, 2016.
[4] Jim Lane, «No Shortcuts to the Top: A Digest Special Report on Scale-up in Industrial Biotechnology», *BiofuelsDigest*, 2014.
[5] Wikipedia, «Scale (chemistry)». Wikipedia Commons, jun-2017.
[6] Jeff Lievense, «Scaling up Industrial Biotechnology», presentado en 7th Life Science Symposium, Delf, May 10th2016.
[7] Jeff Lievense, «Successfully Scaling Up Industrial Fermentations of Chemicals and Fuels», presented in 2014 BIO World Congress on Industrial Biotechnology, Filadelfia, 2014.
[8] Nurul Sa'aadah Sulaiman, «Scale-Up of Chemical Engineering Process», presented in Chemical Engineering Scale up Post Graduate Course, Kuantan, 2015.
[9] Jan Harmsen, *Industrial Process Scale-Up. A Practical Innovation Guide from Idea to Commercial Implementation*. Amsterdam: Elsevier B.V., 2013.
[10] Marko Zlokarnik, *Scale-Up in Chemical Engineering*, 2.ª ed. Weinheim: WILEY-VCH Verlag GmbH & Co. KGaA, 2006.
[11] Wikipedia, «Vitruvio». Wikipedia Commons, may-2018.
[12] Isaac Newton, *Principios Matemáticos de la Filosofía Natural*

(traducida, prologada y anotada por Eloy Rada), 1.ª ed. Madrid: Alianza Editorial, 2011.

[13] William Tittle, «Project Scale-up: Lab to Industrial Plant Implementation», presented in 4th Annual Next Generation Bio-Based Chemicals Summit, Del Mar, CA, dic-2014.

[14] Jim Lane, «What makes scale-up of industrial biotechnology so difficult?», *BiofuelsDigest*, dic-2015.

[15] Robert Edgeworth Johnstone y M. W. Thring, *Pilot Plants, Models and Scale-up Methods in Chemical Engineering*. New York: McGraw-Hill Inc., US, 1957.

[16] Cynthia A. Challener, «Advanced Technologies Facilitate Scale-up and Technology Transfer», *BioPharma International*, jun-2015.

[17] Marco Leupold, Thomas Dreher, Mwai Ngibuini, y Gerhard Greller, «A Stirred, Single-Use, Small-Scale Process Development System: Evaluation for Microbial Cultivation», *BioProcess International*, 2017.

[18] Emily B. Stoker, «Comparative Studies on Scale-Up Methods of Single-Use Bioreactors», Thesis for degree of MASTER OF SCIENCE in Biological Engineering, Utah State University, Logan, Utah, 2011.

[19] B. Sargent, «Scale-Out Biomanufacturing – A Paradigm Change to Scale Up», *TheCellCultureDish*, ene-2018.

[20] Brian Mcneil y Linda M. Harvey, *Practical Fermentation Technology*. West Sussex ,England: John Wiley & Sons Ltd, 2008.

[21] Seppo Karrila, «Scale-up and scale-down of chemical processes», presentado en Special Topics in Industrial Chemistry, Prince of Songkla University, Thailand, nov-2004.

[22] Wikipedia, «Pilot Plant». Wikipedia Commons, jun-2018.

[23] Wikipedia, «Concurrent engineering». Wikipedia Commons, may-2018.

[24] Frank Delvigne, Ralf Takors, Rob Mudde, Walter van Gulik, y Henk Noorman, «Bioprocess scale-up/down as integrative enabling technology: from fluid mechanics to systems biology and beyond», *Microb Biotechnol*, vol. 10, n.º 5, pp. 1267–1274, sep. 2017.

[25] Paul Kubera, «Testing and Simulation Approaches for Single-Use Bioreactor Scale-up», *Pharmtech*, oct-2017.

[26] Nitza Villapol, *Cocina al minuto, con sabor a Cuba*, 2.ª ed., 3 vols. Washington D. C.: Independent, 2017.

[27] Ricardo Simpson y Sudhir K. Sastry, *Chemical and Bioprocess Engineering. Fundamental Concepts for First-Year Students*. New York: Springer Science+Business Media, 2013.

[28] K.Ch.A.M. Luyben, J.J. Heijnen, R.G.J.M. van der Lans, y J.J.M. Potters, «Lecture Notes on Scale-Up/Down», presented in Course on Scale-Up/Down, Delft, 2006.
[29] Wikipedia, «Similitude (model)». Wikipedia Commons, abr-2018.
[30] Wikipedia, «Dimensional analysis». Wikipedia Commons, August-2018.
[31] Marko Zlokarnik, *Dimensional Analysis and Scale-up in Chemical Engineering*. Springer, 1991.
[32] Raj Chhabra y V. Shankar, *Fluid Flow: Fundamentals and Applications*, 7.ª ed., vol. Volume 1A, 9 vols. Oxford, UK: Butterworth-Heinemann, 2018.
[33] Michael Levin, *Pharmaceutical Process Scale-Up*. New York: Marcel Dekker, Inc., 2002.
[34] Matthias Reuss, *Oxygen Transfer and Mixing: Scale-Up Implications*, 2.ª ed., vol. 3, 12 vols. Weinheim: VCH Verlagsgesellschaft mbH, 2008.
[35] Wikipedia, «Q10 (temperature coefficient)». Wikipedia Commons, June 2018.
[36] Benoit Mallol, «Marintek chooses FINE™/Marine for planing hull resistance curve prediction», *NUMECA International*, sep-2016. .
[37] Mettler Toledo, «RC1e High Performance Thermostat Operating Instructions». Mettler-Toledo AG, 2008.
[38] Benoît Zufferey, «Scale-down approach: Chemical Process Optimization using Reaction Calorimetry for the experimental simulation of Industrial Reactor Dynamics», Tesis para el Grado de Doctor en Ciencias, École Polytechnique Fedérale de Lausanne, Lausanne, 2006.
[39] Urs Groth, «Calorimetry Guide. Safety by Design What do we Learn from Reaction Calorimetry?» Mettler-Toledo AutoChem, Inc., November 2013.
[40] Wikipedia, «Reaction calorimeter». Wikipedia Commons, May 2016.
[41] Urs Groth, «Fast and Effective DoE Studies For Innovative Chemical Development». Mettler-Toledo GmbH, AutoChem, 2016.
[42] Urs Groth, «Fast & Effective 'Design of Experiments' Studies for Innovative Chemical Development», *R&D*, June 2016.
[43] James Y. Oldshue, *Fermentation and Biochemical Engineering Handbook. Principles, Process Design, and Equipment. Chapter 7. Agitation*, 3.ª ed. Waltham, MA: Elsevier, 2014.
[44] Lawrence H. Block, «Scale Up of Liquid and Semisolid Manufacturing Processes», *Pharmtec*, 2014.

[45] Edward L. Paul, Victor A., Atiemo-Obeng, y Suzanne M. Kresta, *Handbook of Industrial Mixing. Science & Practice*, 1.ª ed. Hoboken, New Jersey: John Wiley & Sons, 2004.

[46] Kevin Eisert, Susan Sargeant, y Eric Janz, «Fluid Mixing in Biotech and Pharmaceutical Applications», presentado en Product Show Mixing - ISPE Boston Area Chapter, Boston, 2008.

[47] Shijie Liu, *Bioprocess Engineering. Kinetics, Sustainability, and Reactor Design*, 2.ª ed. Amsterdam: Elsevier, 2017.

[48] James Y. Oldshue, *Fluid Mixing Technology*. New York: McGraw Hill Higher Education, 1983.

[49] H. J. Rehm, G. Reed, A. Piihler, y F. Stadler, *Biotechnology, 2nd Edition - A Multi-Volume Comprehensive Treatise*, 2.ª ed., vol. 1, 12 vols. Weinheim: VCH Verlagsgesellschaft mbH, 1991.

[50] B. McNeil y L. M. Harvey, *Fermentation: A Practical Approach*. Oxford: IRL Press, 1989.

[51] Jochen Büchs, «Introduction to advantages and problems of shaken cultures», *Biochem. Eng. J.*, vol. 7, n.º 2, pp. 91-98, 2001.

[52] Heiner Giese, «Process Design Aspects for Small-Scale Fermentation Systems», PhD Thesis, Rheinisch-Westfälischen Technischen Hochschule Aachen, Aachen, 2014.

[53] Marco Scheidle, Johannes Klinger, y Jochen Büchs, «Combination of On-line pH and Oxygen Transfer Rate Measurement in Shake Flasks by Fiber Optical Technique and Respiration Activity MOnitoring System (RAMOS)», *Sensors*, vol. 7, pp. 3472-3480, 2007.

[54] Jonathan I Betts y Frank Baganz, «Miniature bioreactors: current practices and future opportunities», *Microb. Cell Factories*, vol. 5, n.º 21, 2006.

[55] Toshiomi Yoshida, *Applied Bioengineering Innovations and Future Directions*, vol. 5, 6 vols. Weinheim,: WILEY-VCH, 2017.

[56] Wouter A. Duetz, Lorenz Ruedi, Robert Hermann, Kevin O'Connor, Jochen Büchs, y Bernard Witholt, «Methods for Intense Aeration, Growth, Storage, and Replication of Bacterial Strains in Microtiter Plates», *Appl. Environ. Microbiol.*, vol. 66, n.º 6, pp. 2641–2646, June 2000.

[57] G. T. John, I. Klimant, C. Wittmann, y E. Heinzle, «Integrated optical sensing of dissolved oxygen in microtiter plates: a novel tool for microbial cultivation.», *Biotechnol Bioeng*, vol. 81, n.º 7, pp. 829-836, Mars 2003.

[58] Carl-Fredrik Mandenius, *Bioreactors. Design, Operation and Novel Applications*, 2016.ª ed. Weinheim: Wiley-VCH Verlag GmbH & Co.

KGaA,.

[59] Frank Kensy, Christoph Engelbrecht, y Jochen Büchs, «Scale-up from microtiter plate to laboratory fermenter: evaluation by online monitoring techniques of growth and protein expression in Escherichia coli and Hansenula polymorpha fermentations», *Microb. Cell Factories*, vol. 8, n.º 58, 2009.

[60] Mohd Helmi Sani, «Evaluation of Microwell based Systems and Miniature Bioreactors for Rapid Cell Culture Bioprocess Development and Scale-up», PhD Thesis, University College London, Londres, 2016.

[61] Xudong Gea *et al.*, «Validation of an optical sensor-based high-throughput bioreactor system for mammalian cell culture», *J. Biotechnol.*, vol. 122, pp. 293–306, 2006.

[62] Shigeo Katoh y Fumitake Yoshida, *Biochemical Engineering: A Textbook for Engineers, Chemists and Biologists*. Weinheim: WILEY-VCH Verlag GmbH & Co. KGaA, 2009.

[63] J Cooper McDonald, David C Duffy, Daniel T. Chiu, Hongkai Wu, Olivier J. A. Schueller, y George M. Whitesides, «Fabrication of microfluidic systems in poly(dymethilsiloxane)», *Electrophoresis*, vol. 21, n.º 1, pp. 27-40, 2000.

[64] Matthias Junkers, «Microreactor Technology», *ChemFiles*, vol. 9, n.º 4, p. 18, 2009.

[65] Wolf Klöckner, Sylvia Diederichs, y Jochen Büchs, «Orbitally Shaken Single-Use Bioreactors», *Adv Biochem Eng Biotechnol*, vol. 138, pp. 45–60, 2015.

[66] Stephan Christian Kaiser, «Characterization and optimization of single-use bioreactors and biopharmaceutical production processes using Computational Fluid Dynamics», Disertación para obtener el título académico Doctor en Ingeniería -Dr.-Ing., Technischen Universitat Berlin, Berlin, 2014.

[67] Kim Gail Clarke, *Bioprocess engineering. An introductory engineering and life science approach*, 1.ª ed., vol. 1, 1 vols. Cambridge, UK: Woodhead Publishing Limited, 2013.

[68] Rich Palluzi, «Pilot Plants. Destined for Development», *Chem. Eng.*, vol. Pilot Plants Special Report, pp. 2-5, 2009.

[69] John P. Dever, «MATRIC. Where we work». MATRIC, 2018.

[70] Mike Spear, «New ideas hatch in process development. Don't expect pilot plants to disappear as better tools and techniques enhance efforts», *Chem. Eng.*, vol. Pilot Plants Special Report, pp. 6-9, 2009.

[71] Chuck Kenney, «Outsourcing innovation development», *Chem. Eng.*, vol. Pilot Plnts Especial Report, pp. 10-13, 2009.

[72] Francis X. McConville, *Pilot Plant Real Book. A Unique Handbook for the Chemical Process Industry*, 2.ª ed. Worcester MA: FXM Engineering and Design, 2006.

[73] Richard P. Paluzzi, *Pilot Plant Design, Construction and Operation*, 1.ª ed. New York: McGraw-Hill Inc.,US, 1992.

[74] *Lees' Loss Prevention in the Process Industries*, 4.ª ed. New York: Elsevier, 2012.

[75] Centre for Industry Education Collaboration, «The Chemical Industry». University of York, September 2016.

[76] Max S. Peters, Klaus D. Timmerhaus, y Ronald E. West, *Plant Design and Economics for Chemical Engineers*, 5.ª ed. Boston: McGraw Hill Co. Inc., 2003.

[77] Richard Palluzi, «Best Practices for Pilot Plant Layout», *Chem. Eng. Prog.*, n.º April 2018.

ACERCA DEL AUTOR

Roberto A. Gonzalez-Castellanos. Ingeniero Químico graduado en la Universidad de La Habana, Cuba. Dr. en Ciencias Técnicas, especializado en Modelación Matemática y Simulación. Con amplia experiencia en la docencia universitaria, en Universidades de Cuba, México y Nicaragua. Además de su labor docente universitaria, trabajó en las industrias química, minera, energética y biotecnológica.